創客創業導師

程天縱的職場力

解析職場的人與事，提升工作與管理績效的34條建言

程天縱——著

企業和職場是由人與事交織而成

上班族：要會做事，還是要會做人？

老闆與主管：流程重要，還是組織重要？

管理者與工作者都需深刻體認「人與事交織」的道理，

兩者不偏廢，才能提升個人與企業的競爭力！

城邦媒體集團首席執行長 何飛鵬 **專文推薦**

Part 1 求職與招募

Part 2 能力

Part 3
績效考核與管理

Part 4 組織與流程

推薦序

循序漸進，鍛鍊你的職場力

何飛鵬／城邦媒體集團首席執行長

程天縱先生前四本著作皆叫好叫座，從二〇一五年開始在臉書（Facebook）發表文章，至今手不輟筆，持續分享他的工作經驗和職場智慧，令人非常佩服。尤其因為文章都是原創，而且內容紮實、深刻，每一篇勢必都花費了不少時間。這本書是天縱兄第五本著作，秉持先前的風格，四個章節、三十四篇文章，不僅兼具理論與實務，而且可操作性高。

本書的章節安排循序漸進。每個人從學校畢業之後，就進入職場，第一個關卡就是求職。作者藉著公子Jimmy在美國高科技業求職的機會，將過程記錄、分析，同時將企業對人才的重視與追逐，所耗費的資源、時間和精力，也整理、分享給讀者，看見一體兩面。

天縱兄提到，在學校是付學費去學習，進職場後，是公司付錢讓員工學習。我深有感觸，想起李模先生給我的開導。李模是知名歌手李建復的父親，當時在經濟部服務。那時我剛開始工作不久，也曾因工作繁重所苦。李模先生年輕時，最多曾身兼七份工作，他說從工作中學到很多本事，是「拿別人給的薪水，學到的是自己的本事」！頓時讓我靈台清明了起來。

後來我的想法就改變了，我把工作視為學習機會，努力迎向新的挑戰。隨著工作量增加，不斷練習之後，我變得手腳俐落、靈活幹練，成為老闆能信任的工作者。

此時就是第二章的重點。在職場中，工作者一心追求的就是專業能力，只要能練就一項別人做不到，只有你會的絕活，就能靠這個能力在職場立足。在成為熟練的工作者之後，通常就會得到升遷，成為主管。第二章的頭兩篇文章，談到一個「成熟的專業經理人」應該要具備的條件和能力，非常精彩，值得每一位工作者仔細研讀。

第三章則是本書的一大特色，天縱兄首次有系統地解析績效考核，和績效管理。專業經理人的職責，就在達成組織賦予的任務，而可衡量的績效的管理和考核，自然是上司和部屬雙方面的重點。這一章中，有三件事讓我很有共鳴。

首先是一項管理制度「目標與關鍵成果」（objectives and key results），就是大家朗朗上口的OKR。網路巨擘Google這幾年的成長，據說與推行這項制度的關係很大。我曾經看過幾篇文章，心裡始終有個問號：OKR和目標管理有何不同？終於在天縱兄的〈KPI，還是OKR？〉一文中，找到了解答。透過他獨特的「大歷史觀」，將眾多管理理論的來龍去脈梳理清晰，一解我的疑惑。

其次，是「當責」（accountability）的觀念。我曾和一位企業家相約早上九點整，我早早出門，八點剛過我就到了見面地點。我在附近散散步，理一下思緒，八點五十分到一樓櫃臺表達來意，而且強調約的時間是九點。

我在大廳等候通知，但接待櫃臺一直沒有回應。我慢慢著急起來，不希望明明提早抵達，最後卻遲到了。櫃臺小姐只是告訴我：「我打電話通知了，但沒人接，你再等等吧。」我只好用手機聯繫，原來安排會議的人離開座位，所以沒接到電話。最後終於趕上九點的約。

櫃臺小姐這一句「我打過電話了」，一直留在我心中。這是管理上的大問題，大多數的工作者都是做他該做的事，但事情沒有真正完成，問題沒有真正解決。這件事我做了；那件事我告訴過你了……電話沒人接，「我又能怎樣呢？」所以不干我的事，我不用負責。

可是如果是一個傑出的工作者，有「當責」的概念，他會把事情真正完成，徹底解決。甚至為他不該負的責任，想盡方法協助完成。只要工作和他有關，他就會主動積極，嘗試做出改變，並負起責任。這是很重要、很受用的觀念。

第三，則是訂業績的科學方法。如果讀者是要負責業績的主管或工作者，甚至是老闆，這幾篇關於訂定業績數字的文章，務必要細讀。天縱兄以非常科學化的方式，拆解業績，由業績的來源組成，加上對市場結構的深刻理解，才能寫出如此精準又實用的分析，讓讀者往後在訂定業績目標時，能少用判斷、多用計算。

當你的工作職位再往上提升，第四章所談的「組織與流程」，便是時時刻刻都要注意的面向了。當其他人還在思考「是組織重要，還是流程重要」時，如果你能從天縱兄的文章中體悟到「人與事交織」、不可分割的道理，你的視野與待人處世一定會與眾不同。

天縱兄將其職場四十年的經驗與智慧，濃縮在一本又一本的著作裡，如果讀者能夠反覆研讀，對照理解，再依據實際遭遇的情境調整，相信這些寶貴的內容，一定能幫助你在職場中成就自己。

編者序

為台灣培育國際級專業經理人

傅瑞德／「吐納商業評論」網站創辦人暨主編

四年多前，我還是某媒體的社長，經常在網路上尋找有潛力或有實力的作者，說來孤陋寡聞，我確實是到了大約那個時候，才發現有程老師這號人物。

當時，我對於名頭響亮作者的文章，都會抱持稍微謹慎一點的態度。倒不是懷疑他們的成就或學識，而是文章的整體品質：有些作者的學識和表達能力不一致，有些是槍手代寫，結構和說理能力多少得視影子作者的功力而定。

但我在讀過、編過程老師的幾篇文章之後，不僅這些疑慮一掃而空，甚至請求程老師長期與我合作。承蒙老師青睞，從此之後讓我成為專屬編輯，負責處理往後所有作品的文字，也成為程老師迄今五本書的初稿編輯。

程老師之所以選擇我，除了認同編輯品質和文字能力之外，還有一個重要的理由，他說：「我認為你真的看得懂我的文章。」

「看得懂」有兩個原因。第一，雖然職場成就各有不同，但我跟老師有一些類似的背景：都是科技公司業務員出身、曾在美國受商管學院訓練（甚至同時間在美國就學）、之後都曾經擔任不同領域的管理職。

第二，我在編輯和其他工作上也還算有些資歷，對於歷年文章中所提到的企業、案例、問題、解法也容易有些體悟。因此老師願意完全信任，放手讓我潤飾、編修、增補他的作品，只在我有所誤解或不慎誤植時才出手糾正。

然而重要的是，雖然我有些類似背景、工作年資也只差十來年，但程老師眼界的寬廣、職場的實戰經驗、帶兵的規模、學識的深厚與融會，都遠勝我不下百倍。幾年以來，在有幸經手的近兩百五十篇程老師文章中，我窺見了過去三十年生涯沒有體會過的全新世界，站在真正的巨人肩膀上，重新俯瞰許多事件與現象。這也是我年過半百、歷經職涯起落，仍然心甘情願對程老師執弟子之禮的原因。而能讓我這樣俯首向學的前輩，真的不多。

如果只是自己從經驗中學習，可能永遠沒有機會碰觸這些體會，更可能必須經歷更多的跌撞，才能從失敗中學到看幾本書就能得到的教訓。這也是程老師在退休之後，仍然持續著述的目的。到企業演講，或是個別輔導新創，都只能嘉惠少數人，而且必須不斷重複講述許多基本道理。寫成書之後，就可以讓更多人看到，也能成為求教者節省時間、加深印象的基本教材。

讀通這幾本著作之後，您應該可以大致理解程老師的知識和思考體系，並且建立自己的體系，成為日後工作和處世的助力。如同程老師在前一本書《每個人都可以成功》自序中提到的：

假設每個人的大腦都是一部機器設備，文章或書籍就是投入這部機器設備的「材料」。而每部設備的內部都有不同的「增值流程」，將原材料加工成「產品」，加入每個人的「思想體系」之中。

……要深入瞭解作者的思想體系，就必須對作者的經歷與思考模式有所理解，這樣才具備感覺交流和吸收的基礎，讀起文章和書籍來，才能得到最大的收穫。

程老師文章中的經驗、故事、評論固然重要，理解並據以建立自己的思考習慣、為自己的問題找出最佳解法，才是閱讀這幾本書最大的目的。

過去幾年來，我與程老師合作愉快，在工作之餘，他更給了我數不盡的協助、鼓勵以及鞭策。可以說，沒有程老師這段時間的拉拔，我的進步和領悟，就不會跟現在一樣多。

程老師常約朋友們喝酒，也能喝。席間雖然輕鬆，但也常常以不同方式延續著親授課程。當老師連問三次「再想想」的時候，表示他有興趣知道、也想逼出你真正的想法。如果端起杯子敬酒一圈，表示現在的話題可以打住，進入下一段對談。

這樣的耳濡目染，讓程老師與我既是忘年之交，是專業領域的師徒，更是我的人生導師。程老師不喜歡別人叫「大師」或「總裁」之類的官銜，但願意被稱呼「老師」，因為這個稱呼不卑不亢，也反映了他在「作育英才」、為台灣啟發更多國際級專業經理人的理想。

希望每位讀者都能體會這個用心，以這幾本作品作為起步，往專業經理人的征途邁進，也成為一個更有智慧、更勇於創造與嘗試的人。至於本書，我就不再贅述介紹了。打開目錄瀏覽一下，你就會知道這數十篇文章的思考架構；開始閱讀第一篇文章，你就會發現這又是一場充實的啟發之旅。

讓我們一起，再敬程老師一杯。

本文作者傅瑞德為「吐納商業評論」網站創辦人暨主編、行銷與媒體管理顧問、資深譯者與行銷文案作者。過去三十年來服務多家知名科技、網路、出版、車輛、國防等企業，提供商業策略、產品設計與行銷、品牌再造等服務。此外，亦曾擔任雜誌總編輯、社長、出版總監，並創立多個媒體網站。

二〇一六年起擔任程天縱先生網路文章專屬編輯、書籍出版協力編輯，以及個人品牌顧問。二〇二〇年起並在電動車動力與雲端系統公司「湛積」（LSC）兼任行銷副總經理一職。個人評論作品請參閱 http://fredja.me。

自序
用我的經驗和視野，成就你的第二人生

愛爾蘭成人教育學家愛得華・凱利（Edward Kelly）將人生分為三個階段：第一人生是以接受教育為主，第二人生開始進入職場，第三人生則是從離開職場開始。在這三個人生階段中，人的心理狀態也有不同。受教育時比較「依賴」家人的支持，進入職場後開始「獨立」，而離開職場退休之後則會進入「互助共生、分享傳承」的心態。

台灣人平均壽命八〇・四歲，其中男性七七・三歲、女性八三・七歲，高於全球平均值。如果七歲上小學，念到大學畢業大約是二十三歲，假設工作到六十歲退休，那麼這三段人生的長度，則分別是二十三、三十七與二十年。

如果自己創業成功的話，待在職場的時間就更長了。環顧和我同齡的同學和朋友，選擇就業的幾乎都已經退休多年，而自己創業當老闆的，則總是有各種理由退不了，幾乎百分之百都還在職場上打拚。

因此，對大多數人來說，在職場上的時間會占去一半的人生。人這個階段的身體狀況和心理素質，都處於最佳狀態，一生一世的成就，都在這個階段締造。

從另一個角度來看，第一人生就是為進入職場而準備的時間，第二人生則是努力在職場上成就個人，至於第三人生，則是用剩下的時間做自己，也為他人服務。

在我們的一生中，職場可能就是最重要的舞台和戰場。在職場上，大部分人選擇就業，少部分人選擇創業，但不論就業或創業，幾乎所有人都沒有真正充分做好準備，就已經踏入職場。

這本書就是嘗試以過來人的角度，總結我近四十年的經驗，提供給即將進入職場，或是正在職場上拚搏的人參考，期望能幫助大家加速融入這個生態，擴大個人的貢獻、成就自我。

敲開職場的門

進入職場的第一步就是「求職」。過去，我經常受邀到企業的新進員工訓練課程中致歡迎詞，這時候我都會告訴新進員工「一個壞消息」和「兩個好消息」。

所謂「壞消息」，就是告訴「學霸」型的學生，*第一人生中辛苦獲得的學歷和學位，只是進入大企業金字塔組織底層的敲門磚，一旦進入了企業的大門，學歷就沒有用了，要靠的是能力。

對於學歷和學位都不是很好的學生而言，第一個好消息就是只要進了企業大門，過去的成績都不算數了，所有人都得從相同的起點開跑。

對所有的人來說，第二個好消息就是過去我們要繳學費去學校學習，但是從進了職場開始，企業會付你錢讓你去學習。

然而，現今的職場求職越來越不容易，競爭也越來越激烈，因此，必須要先瞭解企業招聘的流程和面試的技巧，才能夠爭取到一份好工作。本書的第一章，談的就是「求職與招募」。我用我兒子Jimmy在美國求職的經歷為例，讓進入職場的新鮮人瞭解，這是他們進入第二人生必須經過的第一關。

對於有志創業的人，我也建議他們首先進入職場就業，得到一些工作經驗、培養好創業的條件，才開始創業。這樣一來，創業成功的機會才會大大提高。

＊編注：「學霸」為中國大陸流行語。原是稱呼以勢力把持學術界或教育機關的少數人，即「學閥」。現在則指很會讀書考試的學生，意同「高材生」。

個人能力的提升

當你用自己的學歷和專業敲開了大企業金字塔組織底層的大門以後，唯一目標就是努力學習，並且把份內工作做到極致，然後努力往金字塔的頂端邁進，成為一個專業經理人。因此，本書的第二章，談的就是成為專業經理人必須具備的條件和能力。

在這個過程中，職場人難免會有碰到高峰或低谷的時候。事業上的低谷，有時候可能是外部環境造成的，但有時候可能自己就是問題的來源。碰到經濟不景氣的時候，或是企業進入逆境的時候，也難免會被裁員。

當你在職場處於高峰時，難免會有競爭對手或其他企業，透過獵頭公司來接觸你，提出各種優惠的條件和誘惑，希望你轉換跑道。

本書的第二章，對於遭遇到高峰與低谷的職場人，提出了一些分析和建議，以便做出正確的決定。畢竟這些都是第二人生的重要轉折點，不能被慌亂的情緒所左右。

人與事的交會

職場、企業不外乎是由「人」與「事」交織而成。職場人不能只會做事，也不能只會做人，兩者不能偏廢。瞭解了人與事運作的道理，懂得兩者之間的交互作用，才能在職場上不斷晉升，然後成就自己。

對於企業來說，找到無數優秀的人才並非難事，難的是如何讓這些優秀的人才為企業創造最大的價值。

人才可以是新進入職場的新鮮人，也可以是有經驗的職場人，不論有沒有經驗，企業都必須從「將人才擺在正確的職位」開始做起。因為「職位」就是「職務」（responsibility），也就是擔任這個職位的「人」，必須完成的「事」。而「事」完成的好與壞，必須要有客觀的、量化的「績效考核」制度來判斷，然後搭配有效的獎懲與薪酬制度，才能形成一個「閉環」（closed loop）回饋系統，來激發出人才的最大潛能。

除了上述的配套系統和制度之外，企業還需要給負責職務的人足夠的決策「權力」（authority），才能夠培養出能夠「當責」（accountable）的優秀主管。既然賦予人才「職」與「權」，對於結果自然必須負全「責」，但大企業都存在著「分工」與「合作」，很少能只靠單獨一個人或單獨一個部門，就可以完成任務，並且達到卓越的成果。換句話說，在企業中很少有「職、權、責」可以百分之百融合的情況。

在我過去三十多年的專業經理人職涯中，我看到無數的例子，證明唯有「職、權、責」盡量合一，才能夠提升企業的競爭力，為企業創造最大的價值。因此，本書第三章就佐以許多實例，談到個人和部門的績效考核與管理，和盡量提高「職、權、責」融合程度的辦法。

組織流程

我職業生涯的最後一個職務，就是擔任富智康（ＦＩＨ）的執行長。當時富智康的董事長，是美籍華人陳偉良（Sam Chin）先生。他的祖籍是廣東，主要語言是英語和廣東話，所以他的國語並不十分流利，總是帶著濃濃的廣東腔。他告訴我，在他加入富士康以後，學到的第一個國語名詞就是「組織」，郭總裁每天開會就是討論組織。

在郭語錄裡，我印象中最深刻的就是「定策略，建組織，布人力，置系統」。

對於新創公司或新創事業而言，這就是最重要的四件事，而且次序不能夠搞亂。無論是產品或企業的生命週期，都會經過「誕生、成長、成熟、衰退」四個階段，而毋庸置疑的是，在誕生期最重要的就是「策略」，在成長期時加上「管理」，到了成熟期時，再加上的則是「價值觀與企業文化」。

我在前面幾本書中都一再強調，企業想要基業長青、永續經營的話，必須把「策略、管理、文化」這三件事同時都做好。尤其是在成熟期的大企業，如果其中任何一件沒有做好，或是發生錯誤，都可能導致衰退和滅亡的結果。

「布人力」就是找到對的「人」，並且擺在對的位置上；「置系統」則是將企業創造價值的「事」，予以流程化、系統化。而將「人」與「事」交織在一起的，就是「組織」。

好的策略必須搭配好的執行力，才能夠達到預期的目標，而組織就是策略的執行部隊。一個成功的企業，往往會把其成功基因植入組織之中，而要看一個企業的基因，看它的組織架構就可以明白七八分。但是，「成也蕭何，敗也蕭何」，往往企業滅亡的原因，就是改變不了過去的成功基因。

想要轉型升級的話，企業就必須有新的策略，然後有新的組織，才能夠改變人與事的基因。因此，本書的第四章，就以談企業的「組織與流程」為重點，指出職場人在第二人生的階段，如果想成就一番事業，就必須瞭解企業以「人」與「事」為基礎來運作的「組織與流程」。

不論是就業或創業，我的建議都是在第二人生開始的時候，找到有規模的大企業，想辦法敲開金字塔底層的門。不但要一窺企業經營管理的堂奧，而且要努力往金字塔的頂端邁進，創造值得自己驕傲的職場成就。本書就是筆者為了幫助讀者達到這個目的，傾盡一生經驗與視野而寫就和出版的：希望你能透過我的視野，為自己找到走過人生各個階段最好的路徑。

Part 1

求職與招募

1 自己爬上巨人的肩膀：踏入職場的艱辛旅程

我兒Jimmy將於今（二〇一九）年五月取得美國南加大（USC）的電腦工程碩士學位。他的個性非常獨立而且好強，因此在最後一個學期只修了一門課，以便全心全意投入尋找踏入職場的第一份工作。

以他的人工智慧（下稱AI）專業，在美國最夢幻的僱主就是「FLAG」四家企業：臉書（Facebook）、領英（LinkedIn）、亞馬遜（Amazon）和Google。這四家企業招聘軟體工程師都非常慎重，進入門檻也都非常高。

南加大雖然在美國大學排名也算前面，但是仍然稱不上是名校。雖然Jimmy專攻AI領域連大學總共六年，學業成績平均點數（GPA）也在A以上，但是心中仍然沒有很高的把握能進入FLAG。

二〇一八年十月二日，學校安排了一場徵才博覽會（career fair），大約有一百家企業參加了這個校園徵才活動。

開始行動

從二〇一八年九月底，Jimmy開始了他找尋工作的第一步：上網參考所有的範例，寫一篇比較好的履歷表，準備投給參加徵才活動的企業。由於徵才活動當天學生太多，每一個攤位都排長隊，Jimmy當天只面談了五家，投了履歷表。接下來幾天，將履歷表寄給其他幾十家來校徵才的企業，然後開始等待回覆。

是幸運也是不幸，十月收到的幾封回覆裡面，就有FLAG中的一家企業。於是十一月初，沒有經驗的他，在第二輪的「線上技術面試」（technical phone interview）就被刷掉。另外還有兩家不錯的企業面試，也是兩輪就被拒絕了。時間進入十二月後，求職毫無進展，個性好強又沒有經驗的Jimmy心中壓力奇大無比，幾乎令他崩潰。

於是他透過領英、線上社群、朋友圈、校友名冊，開始用電子郵件敲門（cold email）海投履歷給所有能找到的相關人等，但幾乎都是不認識的。他寄出的求職信，最後多達五百封左右。

這種亂槍打鳥的方式居然也奏效了，他收到了近一百封回信。或許被Jimmy誠懇的語言所打動，許多在目標公司上班的校友和陌生人，都答應將他的履歷表傳給人資部門參考，再加上一些有興趣的招聘人資部門主管，Jimmy陸陸續續接到了四十通電話。但是，大部分都是一通電話以後就沒有下文了。

社群的力量和作用

從十一月開始，在覺得非常沮喪和挫折的同時，Jimmy開始加入網上的各種社群，一方面發掘可以聯繫的對象，一方面從別人的求職和面試經驗裡面學習。事後回想起來，這段時間是他學習最多、成長最快的時候。

在眾多社群裡面，值得一提的有以下幾個：

一、領英社群：在這裡面可以發現許多大公司的招募人員，也有許多校友、學長，或是目標公司的主管。

二、Glassdoor：這是一個可以匿名發表各種訊息的就業社群，有點像台灣PTT或爆料公社。面試的經驗、吐槽、各個企業的評論，甚至於各種職位和薪資，都可以發表。

三、Leetcode：各家公司面試時，出的考題和最佳的答案都在這個網站裡分享，尤其是對於軟體開發和算法的考題，幾乎一網打盡，而且隨時更新。

除了以上三個社群之外，Jimmy也常常上網看Indeed和Reddit網站上的討論。當然，以上提及的都是英文社群。Jimmy還繳了五十美元會費，以便快速加入中國留學生成立的網上就業論壇「一畝三分地」。這是一個中文的網上論壇，也是一個交換各個公司情報、就業訊息和面試經驗的社群。

透過這些社群，不僅對於面試前的準備工作、面試時該注意的事項、一些小技巧方面都有很大的幫助之外，還可以瞭解亞洲留學生（尤其是中國和印度）在美國高科技與網路領域的就業生態。例如一些新創公司的研發技術方向，或是資訊科技顧問公司（IT consulting company）的生意模式等。

Jimmy從這些社群裡，學到了很多學校學不到的技巧和知識，還知道了很多不在這些圈子裡就永遠不會明瞭的生態系統。

美國網路公司就業生態的改變

在十年前的二〇〇九年，只要會寫軟體，甚至不需要經驗，學校一畢業就可以很容易地找到工作。但近十年來，大量中國和印度的留學生來到了美國，專攻網際網路、軟體開發、演算法、人工智慧、大數據分析、雲端計算等領域，使得就業競爭益發激烈。尤其在川普總統（Donald Trump）上任以後，緊縮了綠卡和移民的名額，導致美國留學申請的門檻更加提高了，如果沒有三兩三，就申請不到美國知名大學的留學許可。

因此，過去簡單的、走形式的面試問題和技術測試，難度就越來越高了，尤其因為網路和社群的普及，考過的題目立刻被分享在網路上，因此各家徵才企業就不斷地更新題庫，甚至提高難度。

所以，**現在的面試題目都非常艱深，也沒有很大的實務性**，別說在學校沒有教過，日後工作也不可能用到。就好像用國際數學奧林匹亞競賽（International Mathematical Olympiad）的題目，來考驗數學專業的人，沒有做過這些題目的人，幾乎註定答不出來。於是，Leetcode網站上的題目，幾乎都是要去面試的軟體工程師所必「做」、必「背」的，Jimmy就幾乎做過、背過四百道以上的題目。

而且這些公司的面試，都要經過四、五輪的電話面試、線上技術測試、視訊面試和測驗，最糟糕的是，時間拖得非常長，前後有長到兩、三個月的。

在這段時間之中，Jimmy也搜尋、接觸過一些不到一百人規模的新創公司。這些新創公司招聘的條件和門檻很高，通常都需要有博士學位和多年工作經驗的人。當然，提供的年薪待遇也比ＦＬＡＧ等級的企業還要高。

不管是什麼樣的企業，Jimmy都全力以赴，做足了準備才進入面試。隨著經驗的累積，他的面試技巧和信心不斷提高，對他後續的求職面試也產生了重大的幫助。

來自亞馬遜的機會

據說亞馬遜在二〇一四年的校園招聘時，與南加大因為誤會而產生過不愉快的經驗，因此之後就不再參加南加大的校園招聘活動。

由於亞馬遜是FLAG成員之一，也是軟體工程師就業的首選目標，因此Jimmy在去年十月也投了履歷表，但是宛如石沉大海，毫無回音。到了今年一月底，Jimmy手上還有面試機會的不到十家，FLAG等級的一家都沒有。

這時候，他在網上看到了亞馬遜開始進行秋季招聘（fall hiring）的新聞，於是他就把履歷表修改了一下，寄去給位於西雅圖的亞馬遜總部，以及波士頓的Amazon Robotics部門。

一個星期以後的二月六日，居然分別收到了這兩個部門的電子郵件，要求Jimmy直接做限時兩小時的線上軟體測試題目。對於久經考驗的Jimmy來講，這就如同小菜一碟，很快就順利完成了線上測試。

接下來，Amazon Robotics每隔一週就安排一次電話面試和線上測試，測試題目當然是越來越難，但是亞馬遜總部這邊反而就沒有消息了。Amazon Robotics在電話面試進行了四輪之後，安排好三月中旬要進行最後一輪，也就是由人資和四位主管進行長達五小時的視訊面試。

三月四日，Jimmy突然接到亞馬遜總部人資通知，立刻進行了半小時的電話面試。接著在三月六日下午，再進行了長達三個小時又十分鐘的線上「模擬工作」（work simulation）測試，Jimmy也順利通過了。於是人資安排了最後一輪視訊面試，三月八日下午，由一位亞馬遜公司中屬於最高技術職級的主任工程師（principal engineer）主持視訊面試和線上測試。三月十一日，Jimmy接到了亞馬遜總部人資電話通知，他被錄用了，正式的任用通知信（offer letter）正在準備中，一、兩天就會用電子郵件寄到。三月十二日收到正式的任用信。

雖然這時候他手上已經有了一個還不錯的工作邀約，另外還有五個正在進行中的面試，但他毫不猶豫地接受了亞馬遜的職務，並且分別寫信辭退了正在進行中的面試。Jimmy求職的辛苦旅程，終於結束了！

不經一番寒徹骨，哪得梅花撲鼻香

人生第一份工作要自己找，就如同母親懷胎十月自然生產的嬰兒。除了母親生產的痛楚，嬰兒自己也要經過一番努力掙扎，才能順利出生。如果是剖腹產下的嬰兒，就缺少了這種磨練。

在過去半年當中，我深深感受到Jimmy心情上的起伏變化。多少個失眠的夜晚，他透過越洋電話問我，「如果找不到工作怎麼辦？」我無言以對，只能要他繼續盡最大的努力去找工作。

二月初接到亞馬遜回信以後，他告訴我，如果能夠進入亞馬遜，要他做任何辛苦工作他都願意。我感覺得到他心中的那份急迫和渴望。

在拿到亞馬遜的職位以後，Jimmy興奮得幾天沒有睡好，因為他靠自己幾個月來的努力，終於得到了他心目中最理想的、也是他人生中的第一份工作。

創業二代

過去幾年，我也輔導了許多創業第二代，我始終建議他們，在回到家族企業接班之前，應該先到外面找工作，累積一些工作經驗，然後再回去接班。

創業的第一代就如同自然產的嬰兒，相對地，創業第二代就沒有經歷過這種奮鬥掙扎的創業過程。如果在接班前，能夠擁有像Jimmy找工作的經驗，就能體會創業的艱辛，更珍惜接班的機會。

如果創業第二代在畢業以後，沒有在外面求職和工作的經歷就回來接班，就像一個剖腹產的嬰兒，沒有為自己的生存而努力掙扎的經驗。一旦在事業上遇到挫折或是陷入逆境，難免就像被圈養馴服了的狼，失去了野外生存的能力。

給初入職場年輕人的幾句話

我在Jimmy興奮之餘也告訴他：學校畢業後，找到人生的第一份工作時，應該一則以喜、一則以憂。喜的是，在學校念書時要付學費去學習，但現在開始，是公司付錢給他去學習。在學校時，因為他努力學習，後來才能順利進入亞馬遜，如今亞馬遜付錢給他學習，應該要更加努力才對。

憂的是，不管他在學校念書時成績有多好，進入亞馬遜之後，學校成績和學歷就歸零，再也沒有用了。在職場上，能力比學歷更重要、實務比理論更有用。

踏入職場，正是他第二人生的開始。

結語

Jimmy過去半年求職的過程，是他結束求學階段「第一人生」之前，學到最重要的一堂課。我作為他的父親，也是這段過程的見證者，看到了他的變化：從一個青澀的學生，轉變成一個準備踏入職場接受挑戰、開啟自己第二人生的「成年人」。我很幸運，居然能夠在自己退休六年半後的第三人生之中，參與他這一段成長的歷程。

相較於一九七六年踏入職場尋找人生中的第一份工作，*我的求職經歷就顯得平淡無奇。在四十四年的時空差異之下，Jimmy的求職經歷只能用「驚心動魄」來形容。我們這一代人已經遠離高科技產業和職場，而台灣的年輕人們也未必能深入瞭解，在美國，剛畢業的軟體工程新鮮人在求職過程中競爭的激烈程度。透過我的記錄與分享，希望Jimmy的故事能給我的讀者們一些啟發：**巨人的肩膀是可以站的，但是要靠自己的本事爬上去！**

* 編注：請參考《創客創業導師程天縱的專業力》一書中的頭四篇文章。

2 從求職的激烈競爭，看產業發展的未來機會

剛畢業的年輕人，尤其是軟體工程專業的，在美國找工作非常困難。但是，又常常聽到這個專業領域的人才非常搶手，這兩件事情聽起來似乎有點矛盾，不是嗎？

我大兒子Jerry也是資訊科學與工程（CSE）專業，他於二〇〇七年拿到美國加州大學洛杉磯分校（UCLA）的電腦工程博士學位，也經過了幾個月痛苦的求職過程，才進入了雅虎（Yahoo）。六年後被獵頭公司挖到Coupons.com，三年前又被挖角到了Atlassian。

這十幾年來，Jerry一直專注在行動終端的應用軟體開發，他特別會訓練、培養、管理、帶領軟體開發團隊，因此他部門的人員流動率都特別低。但是，因為在行動應用方面的軟體人才供不應求，所以只要在他部門待過一、兩年的人，立即會有獵頭公司來挖角，提供的年薪約十一至十五萬美元不等。

既然如此，為什麼Jerry和Jimmy的求職，競爭這麼激烈、過程這麼痛苦？因為，大家都

希望找已經有工作經驗的人，而不想花時間訓練剛畢業的學生。

幸好美國的大企業都會顧及「社會責任」，所以在用人方面體現在這兩點上：

一、每年新招聘人員會有相當大的比例，留給學校剛畢業、沒有工作經驗的年輕人。

二、每年提供在校學生暑期實習的機會。

大公司一方面都想僱用有經驗、在職場上磨練過的人才，另一方面又必須善盡企業的社會責任，於是求職的競爭就由「畢業前」提早到暑期實習期間。

暑期實習的競爭

在美國的高科技公司，除了百人以下的新創公司之外，都會提供暑期實習的機會給排名比較前面的大學在學學生，碩、博士學生更佳。除了善盡社會責任外，更多是為了提早爭取人才。

暑期實習生的招募，通常在年底或是年初啟動，才趕得上暑假開始實習。實習期間大約是十週到十二週。由於軟體工程師的人才競爭激烈，所以薪水大約以年薪六到八萬美元為基礎，依實際實習時間來給付。

企業通常會安排該校畢業的工程師，回母校與在校學生演講或座談，隨後會有一些社交活動，當場回答問題，並收集有興趣者的履歷。同時，也會開放暑期實習的網路報名，以便給學生更多時間考慮和上傳履歷。

即便是實習工作，競爭程度和面試難度，也不比畢業後的正式求職輕鬆。

第一步：履歷審查

企業的招募人員首先會審查履歷，先刷掉一些不符要求或資格的人。

極少數對於人力資源有長遠規劃的企業，會接受非應屆畢業生的申請，但大部分企業都會偏好即將畢業的大四學生，或是碩、博士生。為了避免麻煩，通常招募企業不會明文規定，但「只選擇應屆畢業生」的偏好，已成了業界的一個潛規則。因為，只要在實習期間的表現和績效優良，部門主管就會直接發聘用信，畢業之後就可以來公司報到了。

接著，申請人就讀的學校、在學成績、榮譽獎項、學校社團的參與、志工的經歷等，都是簡歷裡面審查的重點。

對於軟體工程師職缺而言，是否參加過GitHub或BitBucket的開源軟體專案，或是Stack

Overflow之類的技術交流社群，甚至是比以上更重要的條件。

第二步：技術測試

規模比較小的公司，暑期實習名額有限，所以經常是由工程師直接與申請人進行電話面試和技術測試。而規模大的、實習名額多的企業，通常會使用像是HackerRank這類由電腦出題、評分的程式相關網站，來進行軟體編製測試，以避免電話面試需要投入的大量人力、時間和資源。

視個別公司的要求，這個階段可能有多達三輪不同技術領域的測試。

第三步：遠距視訊或現場面試

雖然美國企業對人的信任比東方企業來得高，但也避免不了申請人在第二步時投機取巧。所謂「上有政策，下有對策」，尤其來自亞洲的學生，在電話面試和線上測試時會有「親友」或「智囊團」在旁指導和幫忙。

因此，最後的步驟必定是透過網路視訊，或將應徵者邀請到辦公室，進行面對面的溝通與測試。一方面避免作弊，另一方面可以觀察在受控制和面臨壓力時，申請人對於面試和技術測試的表現和反應。在比較慎重的企業中，這個階段的面試可以長達兩、三個小時。

團隊媒合

如果申請人通過了以上三個步驟的審查、面試和測試，就會得到一個標準的聘用條件。如果是同樣的職務，例如工程師，條件內容都會是一樣的。實習一開始的時候，企業會根據實習生的興趣和部門的需求，將實習生分派到不同的軟體開發專案組裡去。

在大企業裡，並非所有的部門都喜歡用實習生，尤其是非常熱門、壓力大的部門，通常沒有多餘的資源和人力來指導實習生。雖然實習生也是一個幫手，但花時間指導還是必須的，然而以實習生的能力和績效而言，投資報酬是否可以預期，就不確定了。

因此，有許多部門不見得願意使用實習生，在這個前提下，實習任務的分派就叫做「團隊媒合」(team matching)。

實習就是學習

實習生在參與專案開發的過程中，會有資深的工程人員帶領和指導，這些經驗是學校學不到的，非常寶貴。在實習接近尾聲時，所有實習生會聚在一起，介紹他們參與的專案，分享他們的學習心得。

對於實習生工作的安排與生活的照顧，企業無不使出渾身解數。實習期間除了工作之外，還會安排各種社交活動、團隊建立（team building）、黑客松（hackathon）、座談會等，務必使實習生對企業文化和工作環境留下深刻印象，讓他們在畢業之後願意積極爭取回到企業，成為正式員工。

當實習結束時，部門主管會為實習生進行績效考核與評估。對於表現優異的人，也會給人資部門建議，直接提供實習生約聘，一旦實習生畢業，就可以直接回到企業上班。許多表現優異的實習生，回到學校不久之後就接到實習企業的正式約聘，如此一來，就可以輕鬆愉快度過畢業前的最後學生日子，免去像我兒Jimmy的痛苦求職過程。

幸與不幸

Jimmy在南加大有一位從中國大陸來的同學，為了進入夢想中FLAG之一的企業工作，又沒有把握能夠成為正職員工，因此在去年底就申請暑期實習的機會。

為了能夠符合資格，他還特別延畢一個學期。經過層層面試與測試，在完成並且通過第三步驟視訊面試之後，他接到人資部門的通知，必須再跟五個用人部門分別進行團隊媒合。

大部分企業都是先通知聘用申請人，然後在內部討論、決定如何媒合，唯獨這家企業是在聘用之前做。如果在這個階段，通過面試考核的申請人還沒有任何部門願意接受，那麼就沒有實習機會。

很不幸地，這位同學沒有得到任何一個部門的青睞，因此等於被拒絕了。結果延畢一個學期以後，還是要面臨求職的戰場。

暑期實習的重要性

Jimmy是個非常孝順的孩子，在學時並沒有體會到美國大企業暑期實習經驗對求職的影響，因此暑假期間都選擇返台陪伴父母，然後在台北找到實習機會。固然在台北實習也可以學到許多東西，但對於將來在美國求職畢竟沒有直接幫助。

他更不瞭解，其實暑期實習就是求職。與其面臨「畢業就是失業」的壓力，不如提早加入求職的競爭，暑期實習即使失敗，仍然有機會再嘗試。對於畢業前才開始求職的年輕人而言，競爭更是激烈，因為有許多新聘名額早就保留給暑期實習表現優異的實習生了。

受到教訓，就要知道反省。雖然Jimmy也順利找到了理想企業的工作，但我們還是把暑期實習的重要性和面試過程瞭解清楚，藉這篇文章分享給即將畢業的年輕人和他們的父母。

台灣軟體產業的發展

台灣的政府、電子代工業、傳統產業等，都面臨著產業轉型的壓力，不管是「互聯網＋」、工業四・〇、人工智慧、大數據、雲端計算等，都需要大量軟體開發的人才。

這些領域的全球領導者，大部分還是在美國。從我這兩篇有關美國軟體工程畢業生實習和求職的文章，就可以看到其競爭激烈的程度。即使在這些領域執牛耳的美國，需求大於供給的軟體開發人才，仍然有畢業即失業的風險存在。

台灣的電腦科學與工程系的大學生和碩、博士生們，在學校時除了上課之外，是否已經開始準備加入求職競爭了？暑假期間是去渡假，還是在實習？

台灣大企業對於人才的需求和競爭，是否如美國企業一樣重視？是否願意為頂尖人才付出最吸引人的薪資待遇？政府的產業和教育政策，是否能夠吸引、培育人才？

如果以上的答案都是否定的話，那麼這些高科技產業就如同海市蜃樓一樣，漂浮在空中，永遠落不了地。

＊＊＊＊＊

編按：關於國內大學生畢業後的實習、求職，甚至創業的討論，可上網搜尋、參閱以下幾篇文章：

一、鼓勵大學生投入實習，打好就業創業基礎／洪士灝

二、「台灣高階人才培育問題」系列文章／洪士灝

三、如何確保優秀人才願意前來任職？十個不該犯下的招募錯誤／Oleg Vishnepolsky

四、微軟老兵看軟體開發#8：微軟如何精準招募人才／葉光釗

3 美國軟體巨擘造就科技實力的人才招募手法

美國軟體公司招聘畢業生的競爭，已由「畢業前」提早到「暑期實習」。所以在上一篇文章中，我把申請暑期實習的流程和注意事項，做了挺完整的介紹。許多讀者希望我也把畢業生的求職流程和注意事項，比照這個方式整理、分享。

我在〈自己爬上巨人的肩膀：踏入職場的艱辛旅程〉一文中，分享了我兒Jimmy的艱苦求職歷程，並且用「驚心動魄」來形容，但是並沒有詳細整理流程。在讀者的要求下，我和Jimmy做了一次長談，趁他記憶猶新的時候分享。

美國主要軟體科技公司的正職招募流程，可以分為以下六個階段：

一、簡歷審查（resume screening）；

二、線上測試（online assessment）；

三、技術電話面試（technical phone screening）；

四、經理電話面試（manager phone screening）；

五、現場面試（on-site interview）；

六、決定和選組（decision and team match）。

一、簡歷審查

大部分的應屆畢業生，包含學士、碩士、博士，都和 Jimmy 一樣，不管什麼職位、資格、條件，都「海投」簡歷去應徵，因此招聘的企業會收到海量的簡歷。根據統計，九成以上都不符資格，在這個階段就會被刷掉。

這些大企業不想用龐大的人力資源來審查初級資料，於是紛紛使用電腦和演算法來篩選簡歷。所以應徵者要準備好「機器能看得懂」的簡歷，一頁為準，不要搞創意、分段必須簡單扼要。內容主要包含：

甲、工作經驗；

乙、教育背景；

丙、做過的專案；

丁、技能。

因為是機器在讀你的簡歷，所以**要用清楚的詞彙，讓機器可以很容易地抓到重點**。最好多用關鍵字和數字，例如「暑期實習時，曾經參與應用軟體專案開發，提升管理效率」，就不如「曾參與專案開發，使用支援向量機（support vector machine, SVM）分類，來提升三〇%效率」。

好處是，SVM是機器學習（machine learning）的一種算法，如果是人資在審查簡歷，就未必會知道SVM是什麼；但機器在審查時，就會瞬間抓到「SVM」和「三〇%」這兩個「關鍵字」。

要知道九〇%以上的簡歷，在這個階段就被機器刷掉了，根本就到不了「人」的手裡。所以搞創意、圖文並茂、動之以情等等的簡歷，很抱歉，機器不領情，就永遠不會被人欣賞到。

二、線上測試

如果接到要你做線上測試的電子郵件，恭喜你，你已經打敗了九〇%的競爭對手，進到了第二階段。

大部分的企業都是使用「HackerRank」電腦題庫，或是類似網站提供的線上程式撰寫測驗題目，頂多考兩、三個中等偏簡單的題目，時間限制大約九十分鐘。HackerRank為註冊的企業會員提供求職者的程式（coding）評測服務，包含客製化測試題目、評分、排序等。

有些企業也在這個階段加入一些邏輯、智力測驗，或是性格導向的測驗題目。也有些公司會給應徵者做一個小型軟體專案，允許用一到兩週的時間去完成。例如亞馬遜的「模擬工作」就是一種電腦模擬的工作場景測驗，也屬於一種線上測試。

這一關的目的，是想知道應徵者到底能不能寫程式。

說起來很可笑，但是根據很多公司的統計，一大半的電腦系畢業生並不真的會寫程式！有幾篇著名的文章談到這個問題，有興趣的讀者可以參考〈為什麼程式設計師不會寫程式？〉（Why Can't Programmers … Program?）這篇文章。

顯然很多電腦系學生其實不會寫程式，哪怕是「FizzBuzz」這樣的小程式：列印一到一百，碰到三的倍數列印「Fizz」，碰到五的倍數則列印「Buzz」，碰到三和五的共同倍數則列印「FizzBuzz」。這麼簡單的程式，甚至就可以考倒他們。

要順利通過線上測試，除了會寫程式以外，還要花時間去瞭解這個企業的面試流程和細節。網路上有許多人把他們的經驗分享出來，應試前一定要仔細瞭解才能做好準備。

三、技術電話面試

如果你接到要和你約時間的電話，由工程師和你一對一面試，那麼你已經順利到達第三關。在這一關，你終於可以和一個「活生生的人」對談了。

在這個技術電話面試的過程當中，仍然是做題目，但跟上一個階段的線上測試所做的題目和流程相較，有很大的不同。

通常工程師打電話過來以後，會花五分鐘的時間自我介紹，然後給你一個網址，請你登錄上去，然後你就必須當場做線上的測試題目。通常對方會給你一個小時，要求你解一些演算法問題，一般是兩到三題。不同的是，你需要一邊講電話，一邊在電腦上寫程式。題目的難度會是中等偏難，考驗你演算法的功力，以及對資料結構的理解程度。

最好的事前準備方式是，不斷地到Leetcode網站去做考古題，複習再複習。

在這裡跟各位分享一個真實故事。軟體高手馬克斯．霍威爾（Max Howell）寫了一個叫做Homebrew的軟體管理系統，並且在開源軟體網站GitHub公布，讓大家免費下載使用。由於這個軟體寫得非常好，所以九〇%以上的Google工程師都在用，也都知道他的名字。

霍威爾在二〇一五年到Google求職，順利到了技術電話面試這一關，結果因為他沒有準備好，考古題做得不夠多，而且最重要的是，他的演算法功力並不好，所以被拒絕了。

他在自己的推特（Twitter）上面寫道，Google工程師在電話面試完之後告訴他：「我們有九〇%工程師在用你寫的軟體，但是你沒辦法在白板上寫出反轉二元樹（invert binary tree）的算法，所以……。」

所謂「白板」（whiteboard）的意思是，在連線的電腦上直接寫演算法。當你在你的電腦上寫的時候，負責面試的工程師在他的電腦上也可以同時看到。就如同面對面的考試，主考官要求你在白板上或是一張白紙上寫程式。這個和一般軟體工程師的實際工作方法是不一樣的。

軟體工程師習慣在電腦上寫程式，一邊寫的時候，一邊可以利用電腦的輔助功能，查詢一些資料，就好像所謂的開卷考試（open-book tests）。如果你突然要求習慣開卷考試的學生不能開卷，只能在白紙上或白板上答題，他就完蛋了。

這一關和上一關線上測試不同的地方，除了題目偏向演算法以外，還有一個重點：線上測試是由電腦來考你，但是技術電話面試是由現場的資深工程師來主考。如果你考古題做得夠多的話，就可以把答案背下來，那麼當電腦主考時，你可以毫不猶豫地把答案寫下來。但是當主考官是一個活生生的人，你飛快地把答案寫下來，他就會發現你已經做過這個題目了，反而會影響到他最後讓不讓你過關的決定。

因此，你在寫答案的時候，要慢慢地、一行一行地寫。在你寫的過程當中，要透過電話和主考官保持溝通，告訴他你為什麼這麼寫、你的邏輯是什麼，甚至可以穿插一些問題，向主考官確認你的理解對不對。在技術電話面試階段，你跟主考官的**溝通和邏輯表達能力**，就變得非常重要了：有好的溝通能力，就能幫助你順利過關。

四、經理電話面試

經理電話面試主要是由產品或是開發經理主持，時間大約一個小時。雖然和你進行電話面試的還是一些技術經理，但在這個階段的面試通常與技術無關。他們會透過電話詢問你一些行為問題（behavior questions），以及對公司文化的理解程度。

要順利通過這一關，就必須到企業網站去瞭解該企業的價值觀和企業文化。回答時要多使用關鍵字，來體現出和企業相同的價值觀。例如，當主考官問到你如何面對挫折、困難或失敗的時候，他並不是真的對你的故事有興趣，而是要從你的回答之中，找尋與價值觀有關的關鍵字，看看你能不能融入該企業的文化。

五、現場面試

如果你接到了現場面試或是視訊面試邀約的電話，恭喜你，你已經走到了面試最後一關。最後的這一關時間很長、很累，但是只要不犯錯，你有九成九以上的機會被錄取。

即使只是對一個新手工程師面試，這些大公司通常會派出五、六個面試官，耗時五、六個小時。面試官裡面有一半是經理、一半是工程師，幾人穿插其間、反覆進行技術電話面試和經理電話面試的步驟。只不過這次不是透過電話，是面對面地進行。

由於耗費的資源巨大，有的企業也以視訊來取代現場面試。這對企業來講也是一種降低成本的做法，因為如果是現場面試，企業還要提供往返機票和食宿的費用。

特別值得一提的是，許多非美國本土的應徵者擔心英文不流利、有口音，其實這些都無所謂。進行到這個階段，表示他們對你的技術能力和價值觀有很大的信心，但是最後還是要進行面對面的面試，以確保你在壓力下仍然維持很好的表現，這也表示他們對於僱用技術人員非常慎重。

有的企業在現場面試結束之後，還會安排一個員工和你一起用餐，這個額外環節叫做午餐測試（lunch test）。藉由用餐時比較放鬆的情況，觀察你的行為和日常生活的細節。所以應徵者即使在面試過後的午餐時間，也不能夠鬆懈。

六、決定和選組

大部分的公司在這個階段都是內部作業，應徵者不會參與。所有面試同一個應徵者的主考官和面試官，會成立一個僱用委員會（hiring committee），聚在一起開會做最後的決定。順利通過上一個階段現場或視訊面試，應該有九成九以上的機會被錄取，那麼剩下一％可能被刷掉的機會，就發生在這個時候了。

參加這個會議的人，首先檢視應徵者的簡歷。說來有趣，應徵者的簡歷到了這個階段才會被「人」檢查和審核。他們會看看簡歷內容和面試過程的觀察是否一致，也順便檢查電腦審核有沒有忽略或疏漏的地方。如果一切順利，決定錄取這位應徵者，那麼有參與前面過程的經理或工程師（大部分來自招聘部門），就要決定是由哪個部門來任用。這個討論就是所謂的選組。

結論

這些軟體巨擘在招聘人才上制訂這麼複雜的流程，耗費這麼多資源，絕對不是因為「美國時間」太多。相反地，是希望確保人才的成功率，減少因為用錯人造成的資源浪費。

身為應聘者，Jimmy花了六個月的時間專心求職，包括去摸索出這些流程，找尋網路上可用的資源，不斷自我鍛鍊，不斷闖關，才能夠得出這些寶貴的結論。身為父親，我也等於親身參與了這段艱苦的過程。

若非親身參與，我都不敢相信，美國高科技企業會為僱用一個應屆畢業生耗費這麼大的工夫。我的心得是：

一、從招聘軟體技術人才的態度之嚴謹、資源之耗費，以及流程之複雜，就可以看出為什麼美國能夠執高科技的牛耳，因為人才正是成功的基石。

二、台灣要轉型升級發展人工智慧及大數據產業，需要把軟體技術人才的引進與培育，當作最重要的起點。企業和政府在吸引人才上不下工夫，只談期待，是遠遠不夠的。

這篇文章順道也分享給在美國求學的年輕人，希望他們在預備求職的道路上得到指點、少些挫折。讓像我這樣的家長，能瞭解孩子們即將面臨的挑戰，進而給他們更多精神上的支持。

4 菜鳥與老鳥，求職經歷大不同

軟體人才市場的需求，在過去十年間發生了反轉現象。軟體公司競相爭取有經驗的工程師，沒經驗的新鮮人則求職越來越困難。本文與下一篇文章的重點，將擺在有工作經驗的老鳥在主動換工作或被挖角時，可能經過的面試流程與心態轉換。

過去十年，是美國軟體科技產業開始蓬勃發展的時代。從YouTube上的影片「十五大最佳跨國品牌排序變化（二〇〇〇至二〇一八年）」（Top 15 Best Global Brands Ranking (2000-2018)）就可以看出，FAANG這五個軟體巨擘之中，有四個是在過去短短十年內快速上升到前十名。

在〈自己爬上巨人的肩膀：踏入職場的艱辛旅程〉一文中，我曾經提到：在十年前的二〇〇九年，只要會寫軟體，甚至不需要經驗，學校一畢業就可以很容易地找到工作。當時需要招聘大量的軟體工程師，重「量」勝過重「質」，所以剛畢業的新鮮人成為主流。而軟體老鳥因為相對人數不多，而且薪資比較高，不是需求重點，所以轉換公司反而比較困難。但在面試過程上，菜鳥和老鳥並沒有多大的區別。

十年後的今天，情勢反轉。因為大數據、雲端計算、人工智慧、無人駕駛、金融科技（fintech）、區塊鏈（blockchain）等新領域和商機不斷湧現，吸引了大批新創公司成立，而新創公司需要的，都是有經驗的老手。另一方面，軟體巨擘在新需求不斷冒出之際，靠自己成長的速度太慢，於是爭相併購，導致軟體巨擘也爭搶熟手。

在自由經濟市場上，有經驗的軟體人才本來就是稀有商品，會遵循市場經濟的原則流動。由於市場競爭激烈，企業又偏好僱用有工作經驗者，因此在職場上，新鮮人的人才市場是買方市場，企業可以精挑細選。但是職場老鳥恰好相反，變成了賣方市場。企業在徵才、爭才的面試過程中，都必須非常謹慎，不管最後結果如何，都希望讓應徵者留下良好印象，不能壞了公司口碑。

職場菜鳥的求職與面試

雖然企業追求科技人才的競爭同樣激烈，但是，暑期實習與畢業求職，和進入職場之後換工作，兩者的求職與面試過程非常不同。

在校時申請暑期實習，和畢業前開始求職，都沒有工作經驗可以參考，所以求才企業只能從應徵者提供的簡歷上，得知應徵者參與過的學校活動和學業成績，因此需要設計複雜的招聘流程，以確保招聘到理想的人才。

這就使得企業非常喜歡運用暑期實習的機會，以便近距離觀察、考核實習生是不是理想的員工。何況在暑期實習期滿之後，如果實習生表現不如預期，還沒有提供全職工作的義務。

縱使美國加州是屬於「自由僱傭」（at-will employment），也就是企業可以在任何時間、用任何理由開除任何人，但是開除員工究竟是不好的事情，對公司的形象也會有所損傷。

總之，加州的科技企業仍然喜歡用暑期實習的機會來提早挑選人才。

職場老鳥的求職與面試

一旦有了工作經驗以後，接下來為了換工作而進行的求職與面試，就是一種全然不同的情況了。

例如「試用期」在歐洲非常普遍，因為歐洲的勞動法非常保護勞工，而且工會勢力非常強硬。為了平衡強勢的勞工，法律允許企業在新人入職時，實施六個月到一年的試用期。

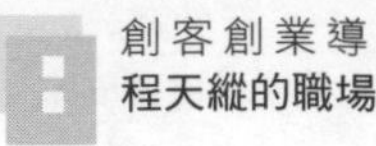

美國沒有試用期這種做法，最接近的做法就是用約聘員工的方式。如果對於約聘員工的績效滿意，在約聘期滿時可以轉為正式員工，相當於試用期的作用。這種使用約聘員工的方式，在科技產業不太實用。因為科技產業非常缺人才，尤其是有工作經驗的人才，大多不會接受先約聘、再轉正的安排。

企業如何找到有經驗的人才？

一、人才推薦辦法

大部分企業都會祭出「人才推薦辦法」，鼓勵內部員工推薦他們所熟識的親友來應徵內部的職缺。根據統計分析，這種內部推薦成功的比率相當高，招聘進來的人員也比較能夠適應公司文化。

企業對於成功推薦人才加入的員工，通常會給予單次獎金，從五千到一萬美元不等，視職位高低與性質而定。有些比較高層、重要的職位，則會提高獎金，分六個月給付，以確保招聘者會穩定工作超過六個月。

「人才推薦辦法」通常只開放給內部員工，但是也有企業是開放給內部和外部都可以推薦人才。

例如我長子Jerry服務的Atlassian軟體公司，就有提供給外部人士的「Refer-a-mate」人才推薦辦法，例如平常與公司有來往的客戶、供應商、學校等熟悉公司情況的人，都有可能利用這個辦法來推薦人才。

二、招聘團隊

在科技企業成長快速的情況下，光靠「人才推薦辦法」來找尋人才，是遠遠不夠的。因此許多中大型企業在內部成立了「招聘團隊」（in-house recruiting team），不停地進行人才招聘。

招聘團隊成員中，包括了負責運用各種手段找到目標人才的「尋才專員」（sourcer），方法如刊登招聘廣告、簡歷審查，以及招聘流程的行政事務等比較簡單的工作。

當尋才專員找到了符合條件的應聘者，就將資料轉給「招聘專員」（recruiter）。招聘專員是專業的招聘者，會很有技巧地陪伴並指導應聘者經過幾輪面試與薪酬談判，直到完成招聘為止。

小公司的招聘，則只有一個招聘專員同時擔任尋才專員。至於新創公司，則通常都只能付錢找獵頭公司來招聘人才。

面試官的經驗分享

我的長子Jerry是加州大學洛杉磯分校的電腦博士，曾經在雅虎和Coupons.com工作，目前則是在Atlassian的矽谷分公司負責行動產品策略方面的工作。

這十多年來，他經常為自己部門招聘員工，因為行動應用軟體方面的開發人才相當缺乏，而且培育不易，所以他通常只招聘有經驗的人。徵得Jerry的同意，在這裡把他多年作為面試官的經驗跟讀者們分享。

廣布人脈網路

由於部門成長很快，經常要招人，所以Jerry習慣在領英上加許多招聘專員為朋友，他們可以看到Jerry的人脈，Jerry也同樣可以看到他們的。

Jerry還特別喜歡接受沒有工作經驗的畢業生在領英上的邀請。雖然眼前不會僱用他們，但過幾年後，這些新鮮人就是有工作經驗的人士了，如此一來，Jerry要找他們就會比其他企業快一步。**在人才競爭激烈的市場中，往往快一步就是贏的關鍵。**

至於有工作經驗者的面試，不同企業在形式、方式、設計上有許多不同，很難歸納為一個標準流程，我將在下一篇文章中再細談。

以下則是Jerry自己被面試的慘痛經驗，這樣的經驗也讓Jerry在面試應徵者時，多增加了一些同理心，讓他不會糾結在專挑應徵者的缺點，然後儘快把應徵者刷掉。

參與面試的慘痛經驗

Jerry在二〇〇八年前後進入職場的早期，曾去臉書應徵工作，公司安排了從早到晚一整天的時間，跟不同的面試官進行面試。

在當天第一場面試時，Jerry沒有來由地變得非常緊張，全身僵硬、腦子空白，回答問題也不知所云。情況糟糕到臉書沒有讓Jerry繼續面試，直接就把他送出門了。

或許臉書認為這個應徵者既然表現得那麼差，就不要浪費雙方的時間再進行接下來的面試了。但換個角度來說，即使是全世界最優秀的人才，也可能運氣不好，碰上自己人生中最差的一天。

價值三十億美元的教訓

二〇〇九年中，有個叫做阿克頓（Brian Acton）的年輕軟體工程師想換工作。他已經在雅虎和蘋果（Apple）有了十多年工作經驗，但想換到當時有名的網路公司上班。經過面試後，推特在五月拒絕了他，臉書在八月也拒絕了他。

處處碰壁的結果，他選擇了和他前雅虎同事庫姆（Jan Koum）一起創業，在加州矽谷山景城成立了以雲端服務為基礎的傳訊工具WhatsApp。

二〇一四年二月，各大媒體都以頭條報導臉書決定以一百六十億美元的股票和現金，外加三十億美元的限制型股票給兩位創辦人，來收購WhatsApp。而在面試中被臉書拒絕的阿克頓，在不到五年之後強勢回歸，擁有WhatsApp近二〇%股份的他，從這個收購交易中拿到了三十億美元的淨收入。阿克頓的故事不僅激勵了全球所有的求職者，而且也成了招聘人員最大的惡夢。

對於求職者而言，在求職過程碰到的壞運氣，不代表人生的結束。只要你夠堅持、走另外一條路，總有一天會還你清白。對於企業的招聘經理和專員而言，這卻是痛苦的回憶。雖然在招聘過程中，本來就有一點「機會」的成分，但是在大企業裡，沒有人願意再次因為錯失了「另一個阿克頓」而出名。

阿克頓在二〇〇九年五月被推特拒絕之後，在推特上留言：「被推特總部拒絕了。沒關係，萬一上了的話，每天還得跑很遠去上班。」阿克頓在八月被臉書拒絕之後，又更新了留言：「這次應徵是認識一些高手的好機會，我期待生命中的下一個冒險。」

二〇一四年臉書收購WhatsApp之後，這則還在推特上的留言被眼尖的網友發現，還被轉推了幾千次。

結論

在軟體技術領域，晶片運算速度突飛猛進，大數據越來越唾手可得，終端邊緣計算能力也越來越強，加速了新技術新應用的開發。

軟體人才市場的需求，在過去十年發生了反轉的現象。軟體公司競相爭取有經驗的工程師，沒經驗的職場新鮮人求職則越來越困難。本文與下一篇文章的重點，在於有工作經驗的老鳥在主動換工作或是被動被挖角時，可能經過的面試流程與心態轉換。

台灣高科技產業一向是以硬體產業為重點，尤其偏向生產製造。放眼未來十年，科技趨勢會以軟體技術的開發和應用為主，因為硬體產品已然成熟，能創造的附加價值越來越少。尤其許多傳統產業欲求轉型升級，更是離不開與軟體技術的融合。

台灣在軟體技術和產業已經大幅度落後歐美，就算和鄰近的中國大陸相比，我們也已經被甩開好幾條街。

好消息是，軟體不像硬體產業的建設，需要高資本支出、長產業鏈、技術累積、長學習曲線等高門檻。軟體產業的發展，首先需要有市場，然後需要大量的人才。台灣作為軟體產業的後起追隨者，可以借鑒過去硬體產業發展的道路。利用大陸幾億網路用戶的紅利市場，吸引外商軟體公司投資台灣、創造軟體人才需求，引進海外技術與人才。

這件事今天不做，明天肯定會後悔。台灣還在等什麼？

5 過關斬將：美國軟體業老鳥面試考驗的十年演變

在前一篇文章中提到，有經驗的軟體工程師在求職過程中的遭遇，與毫無經驗的新手可能大不相同。尤其現在，有經驗的熟手屬於優勢的賣方市場，所以買方企業通常會透過各種管道，先對應徵者的經驗和能力有所瞭解。因此，對於熟手來說，新手求職的六大步驟中對他們比較重要的，只有「現場面試」（on-site interviews）一個。

在十多年前，最能吸引有經驗軟體工程師的公司是Google，所以當時Google對熟手的面試非常謹慎和嚴苛。不僅面試次數可以多達十幾次，拖上幾星期甚至幾個月，面試的問題更是五花八門，令業界嘆為觀止。

是「面試」，還是「面死」？

二〇一八年底，Google前執行長施密特（Eric Schmidt）在接受播客（podcast）訪談時，承認Google早期的招聘面試確實如所業界批評的，是如同要把應徵者「面死」般地折磨人。曾經有一位應徵者被面試了整整十六次，於是施密特要求內部減少面試次數，對同一位應徵者不能超過八次，而根據現在的內部統計，這個數字已經下降到了五次。

當時不僅面試次數多得嚇人，更惡名昭彰的是Google問應徵者的一些怪異問題。例如：「如果要求你把西雅圖所有的窗戶都清洗乾淨，你應該收取多少費用」、「為什麼馬路上的人孔蓋都是圓形的」、「全世界總共有多少個鋼琴調音師」等。原來設計這些怪異問題的目的，是希望**測試應徵者的獨立思考能力**，看他們是否能提出有創意的答案，而不是只靠學校的學習成績。

二〇〇九年，一位西雅圖「求職顧問」從客戶那邊收集了一百四十個Google問過的怪異問題清單，即使是聰明絕頂的人，或是非常有經驗的軟體工程師，看了這些題目也都瞠目結舌，不知如何回答。

由於業界的負評太多，嚴重影響了公司形象，因此Google將其中十六個最怪異的問題列為「面試時不能問的問題」。而前述的三個，就都在這個「不能問」的清單中。

不完美的面試過程

在前一篇文章中提到，我兒Jerry在職場早期有過慘痛的面試經驗，他認為面試本身就是一個「無法完美的過程」（imperfect process）。例如，面試官通常都會專注在應徵者的口語溝通技巧，而這對於非美國本土的外國應徵者，就是一個很不公平的劣勢，只能盡人事、聽天命了。

再者，應徵軟體開發工作的人，總要瞭解和回答基本的技術問題吧？但是誠如上篇文章中指出的，人生當中總有運氣不順的時候，再加上面試現場的壓力，應徵者通常無法在現場達到最佳狀態，回答的內容自然也可能不盡理想。

現場面試的分類

Jerry從加州大學洛杉磯分校博士班剛畢業時，也海投了許多簡歷，有幾家公司進行到「現場面試」的階段，並且給了聘僱邀約。最終，他選擇了位於矽谷的雅虎。

雅虎為Jerry安排了八個現場面試時間段，基本上是從早上九點到下午五點，一整天的時間。由於來自應徵者的抱怨太多，雅虎後來也自我檢討改進，都控制在五個以內。不就是招聘軟體開發工程師嗎？為什麼需要這麼多次的面試？到底企業都派些什麼樣的人來做面試官？面試的時候到底在談些什麼？

根據Jerry的經驗總結，在多次的現場面試中，至少會有一位經理來測試應徵者的工作態度、行為以及價值觀，確保能夠符合和融入公司的文化。如果應徵者是比較資深、經驗豐富的工程師，那麼就可能安排一位產品經理來面試，瞭解應徵者的專業領域知識，例如產業結構、科技趨勢等，比較「非技術性」的問題。

除了上述兩種「經理面試」之外，其他的基本上都是「技術面試」。

技術面試的種類

通常每個面試時段都會有一位面試官主持，偶爾也會有兩位出現，其中有一位是來擔任「影子」（shadow）的，也就是跟著主要的面試官來學習的主管，所以應徵者的心情可以不必太受「影子」的影響。在眾多技術面試時段當中，通常包括以下三種類型：

一、白板測試

在現場，請應徵者到白板前寫「虛擬程式碼」（pseudo code），以測試寫程式和溝通的能力。

這個測試模擬的是真實工作場景，應徵者得在會議室中，將想法或創意直接透過畫圖或寫程式，展示在白板上。這個過程中的溝通非常重要，你要一邊寫，一邊和「虛擬同事」（在這裡就是面試官）解釋，以便讓他們瞭解你的邏輯。

有的公司會直接給應徵者一部筆記型電腦，要求在指定的「整合開發環境」（integrated development environment, IDE）中直接寫程式，例如在模擬開發iOS app的環境下，用XCode工具寫程式。

這種方式主要測試的，是應徵者在電腦上寫程式碼的能力，但不必像在白板上寫虛擬程式碼那樣邊寫邊講，而是寫完之後再解釋。

一般軟體工程師比較習慣在電腦上寫程式，比白板輕鬆自在，但是測試重點在於程式碼和語法的品質。就如同寫一篇文章，在白板上寫的是情節架構，在電腦上寫的就要看架構語法和句子的功力了。

如果你的技術能力很強、題目也不難的話，白板測試聽起來很簡單，但是有過經驗的人都認為，這一關其實非常困難。因為應徵者一定會緊張。在現場無形的壓力下，一邊要解題，一邊又要提醒自己大聲說出背後的邏輯，確實不容易，所以有很多人都敗在這一關上。

二、專業知識測試

即使光講軟體開發，也有許多不同的領域，如果沒有相關的專業知識，光是會寫程式，也不見得能成為這個領域中出色的軟體工程師。因此，這類面試之中所考的問題，都和專業應用領域有關。

例如在行動終端應用領域，就可能會問到「在iOS或Android系統之下，如何進行記憶體管理」、「並行（concurrency）和多執行緒（multi-threading）之間的關聯如何」等。

三、軟體架構設計

在這個面試環節，面試官會針對某個技術問題，要求應徵者設計一個軟體系統架構去解決，例如設計一個「即時聊天應用」（real-time chat application）。

面試官會依照應徵者的工作經驗，設計問題的難度。如果是資淺的應徵者，在行動應用的範圍中，就只會要求在終端設備上做系統架構設計。如果是資深的應徵者，則可能被要求做多系統的設計，例如主從架構（client-server architecture），或是雲、網、端的架構。

這個環節通常只要畫出許多「方塊圖」（component diagram），以及方塊之間箭頭指向的連結關係（sequence diagram）就可以了。

面試官的經驗分享

Jerry已經在職場上工作十二年了。身為軟體開發部門的主管，他經常需要招募新員工，而他在面試應徵者時首先注意的，是對方是否有足夠的自信。雖說一個表現得十分有自信的人，也未必就非常懂自己的專業，但一個表現得非常沒有自信的人，就肯定不是很瞭解自己的專業。

由於Jerry自己有過失敗經驗，也深刻瞭解雙方「資訊不對稱」的不合理情況，因此他在進行技術測試時，並不是給應徵者出些困難的技術題目，而是針對應徵者自己現在正進行的，或是過去已經完成的專案提出一些問題。

「出題目的人永遠不會錯」，因為出題的人是有備而來的。而回答問題的人，往往是出其不意。因此，回答問題的人很難表現得非常有自信。所以反過來說，唯有讓應徵者談自己的專案，才能看得出他是否有自信。

Jerry經常問的一個問題，就是「你把你正在進行中的專案的架構圖（architecture diagram）畫出來給我看看」。這個技術問題跟英語能力沒有什麼關係，何況又是自己的專案，如果連這個都沒有自信，或是畫不出來的話，這個應徵者的面試基本上就結束了。

軟體專案的架構圖通常是很龐大的，前來應徵的開發者未必能瞭解整個系統架構，但畫出來之後，Jerry接著就會問應徵者，負責的是系統中的哪一塊，以及這一塊如何運作。

Jerry還喜歡問應徵者的，是關於架構圖上鄰近程式模組的問題。這些模組通常是由其他隊友開發，但又必須和應徵者負責的部分整合在一起。如果應徵者也非常清楚的話，就代表他是一個好的團隊成員，而且有足夠的好奇心去瞭解隊友開發的模組細節。這一點非常重要。**一個有好奇心的軟體工程師，未來在職場裡就會自我學習成長**，不必要老闆天天盯著做。

如果應徵者不瞭解鄰近模組的細節，Jerry也不會糾結在這一點上，他會請應徵者花點時間推斷或猜想，這個鄰近模組是做什麼用的。Jerry是一個技術比較全面的主管，只要知道了應徵者所負責模組的作用，再加上瞭解鄰近模組如何連結，就可以大致找出幾個鄰近模組彼此作用的可能性，而每個可能性都會有其優缺點，他也會列入評估。因此，從應徵者的推斷和猜想，就可以判斷其技術能力的程度。這種面試方式無論結果如何，都不會打擊應徵者的自尊心，也不會讓他當場覺得非常難堪。

應徵者的提問

在面試結束之前，通常面試官會給應徵者一些時間提問。這個看似平常的禮貌往來，Jerry 對於提問的問題卻非常重視。

如果應徵者不是客氣地隨便應付，而是提出一些好問題，那麼對於面試結果就會加分。可惜大部分應徵者並不一定會注意到這一點，不但喪失加分的機會，更糟糕的是有時還會導致扣分。在這個可以反問面試官的環節，好的應徵者通常會設身處地，假設自己是這個企業的員工，進而問出許多好問題。

透過這些問題，面試官可以確認應徵者來面試之前是否做好準備。除了準備技術面試需要花大量時間之外，如果連公司的運作都要瞭解，就得花更多時間準備。

機會永遠屬於有準備的人，所以大部分企業和主管都希望自己員工，具有「準備」的工作態度與特質。

舉兩個不好的提問或回答：

一、應徵者：「前面幾個面試官已經回答過我的問題了，所以我沒有什麼需要再問的。」（真的沒有問題問嗎？我可能是你未來的老闆喔。）

二、應徵者：「那麼請你告訴我，你為什麼喜歡在這家公司上班？」（如果前面帶點鋪陳，這個問題或許是個好問題。但如果只是問這個問題，就會讓面試官覺得你在應付，只是隨便問問、殺時間。）

再舉兩個好的問題：

一、應徵者：「請問你如何考核一個員工的績效？如果我有幸被錄取，你對我前一、二、三個月的期望是什麼？要達到什麼目標？」（這個問題讓人覺得你是目標導向的。）

二、應徵者拿出手機，打開這個公司的app，然後問面試官：「我很喜歡這個app的甲、乙、丙功能，但是為什麼這個app不提供丁、戊、己的功能呢？」（讓面試官知道你花了大量時間來研究公司的產品，而且你有心要增強或改善這個產品。）

最後還有一個小提示：如果你能夠當場寫筆記，會讓面試官覺得你對於面試的過程非常慎重，而且願意不停地學習，所以你可能會因為這個小舉動而獲得加分。

結論

我之所以寫這一系列「美國軟體工程師求職」相關的文章，主要原因是以下幾點：

一、科技產業硬體發展已經有百年歷史，但軟體技術的高速發展只是近十年的事。在未來幾十年中，軟體技術和產業仍然會是高科技產業的重點，國家的經濟成長和全球競爭力，仍將受到軟體產業發展的巨大影響。

二、台灣的硬體產業與半導體產業，在全球都已經占有舉足輕重的地位，唯獨軟體產業仍然嚴重落後於其他已開發國家。如果不加速追趕，連硬體的優勢都將逐漸失去，使得台灣高科技產業面臨被邊緣化的窘境。

三、軟體產業的基礎設施就是「腦力」，主要來自人才與教育。人才與資本一樣，流動性越來越高，全球化的趨勢不可避免。唯一可以限制其流動性的，就是「政府政策」這隻隱形的手，但水可載舟，亦可覆舟，端看如何運用。

四、在ＡＩ時代，許多傳統工作會消失，但是軟體開發工作的需求會越來越大。就像英語一樣，在過去是個專業，現在是個必須具備的基本能力。寫程式目前仍然是個專業，但不久的將來之後將會成為基本能力。

五、美國軟體產業的求職競爭情況，不必多久之後就會在台灣發生，而且會影響到所有傳統產業。「機會屬於有準備的人」，千萬不要認為我寫的這幾篇文章與現在在台灣的我們無關。

有備無患，不是嗎？

6 企業留才，必須從報到的第一天開始

前面幾篇文章談到，軟體工程師在美國求職所必須經過的流程和注意事項。許多讀者在看過這幾篇文章以後，都深深感覺美國軟體巨擘招聘過程的複雜與慎重，程度遠遠超出我們的想像，對人才重視的程度，更值得我們學習。

報到與離職率

但是根據統計，美國軟體企業招聘的新員工，在第一年就損失了二五％。既然人才招聘進來的過程如此辛苦，為什麼一年內就會有這麼高的離職率呢？許多專家分析，其中一個重要的關鍵，就是新員工報到（onboard）之後，企業如何提供協助和培訓，讓他們快速融入新的工作環境和企業文化。重視「新員工報到」的企業，留住新員工的比率就大為提高。而不重視，或是做不好這一點的企業，新員工在一年內離職的比率就會大幅上升。

一九七九年在惠普台灣的經驗

一九七九年三月，我加入了惠普台灣（HP Taiwan）。雖然之前我已經有三年的小公司業務經驗，但惠普還是安排我去參加外部提供的銷售技巧培訓課程，這也是我在進入職場之後，接受的第一堂正規培訓課程。

惠普對於人才培訓的重視程度，令我印象非常深刻：他們甚至在我還沒有報到之前，就已經先安排我去參加外部培訓。

當年的惠普台灣只是一個小小的分公司，員工人數不過一百多人，但內部管理制度和作業流程的專業化程度，遠遠不是我加入的第一家小貿易公司所能夠比較的。

上班第一天，我的部門主管親自接待我，帶我到辦公桌前入座。桌上的電腦、電話、文具一應俱全。更令我感到貼心的是，我的部門同仁共同簽了一張歡迎賀卡，擺在我的辦公桌上。打開辦公桌的抽屜，發現了我的名牌和名片，讓我感覺到自己已經是這個大家庭的一分子。

我的部門老闆在他的辦公室裡，親自為我解說接下來兩個星期的學習和工作重點。因為惠普的辦公室是開放式的，所以他的辦公室也就是靠著窗用小隔板牆（low partition）圍了一個小空間而已。我頭兩星期的工作內容，除了研讀儀器產品資料和學習操作，還要瞭解組織圖和各部門。

老闆親自為我介紹了惠普台灣的組織圖和各部門主管的名字，我必須主動和這些部門經理聯繫，約好他們方便的時間，請這些部門經理親自為我介紹他們部門的產品和執掌。最後，老闆還指定一位同事擔任我的「導師」（mentor），協助我儘快習慣新的工作環境，並回答我可能碰到的問題。

這樣一個為新員工設計的報到與培訓流程，融合了「公司安排」和「新員工主動參與」的兩個面向，當時對我來說非常新奇，效果也很好，確實加快了新員工的融入速度。

美國軟體巨擘的做法

在美國軟體業界公認具有領導地位的三家企業，對於新員工報到有特別的做法，因此對於新人留才有很好的效果。這三家軟體巨擘，對於新員工報到和培訓的方式不同，著重的領域也不同，但都是其他企業學習的標竿。

一、蘋果：重點在商務方面；

二、Google：管理方面；

三、臉書：工程技術方面。

透過我兒子Jerry的求職過程，我也瞭解了美國幾家大企業對於新員工報到的做法。在這裡綜合整理一下，藉著這篇文章和各位分享。

蘋果

先來說說蘋果。因為這家公司非常重視資安與保密，所以他們對新人的培訓方式一向不對外透露，顯得特別神祕。在藍辛斯基（Adam Lashinsky）的書《蘋果內幕》（*Inside Apple*）中提到，蘋果在招聘還沒有完成之前，新人的報到流程就已經開始了。在這本書中，我們可以一窺這個過程的堂奧。

通常報到都安排在星期一，而且新人在報到的第一天，才會知道自己將加入哪個部門，也就是說，連對即將到職的新人都要保密。新人一報到時，就會收到一個大包裹，裡面有著各種人資需要的表格，和一件T恤衫，上頭印有「Class of（到職年分）」的字樣。隨後，新人會領到一台全新的MacBook Pro筆記型電腦，自己開機設置。如果有任何問題，蘋果鼓勵新人自己找同事幫忙，以加速融入新的工作環境。

這本書還特別提到，在新人培訓的課程當中，有一堂課叫做「警覺靜肅」（Scared Silent），由安全部門主管親自講解公司的資安防護機制，以及和商業機密相關的保密條款。在蘋果，任何資訊洩露都是不允許的，無論有意或無意洩漏了商業機密和工作資訊，都會導致員工被開除的下場。

Google

Google的新人培訓比較著重在實務學習（practical learning）和認知學徒制（cognitive apprenticeship），以建立同梯隊的感情及人脈。在培訓過程中，特別強調團隊的合作和協調，以求新人快速融入公司體系之中。

在Google的系統中，比較常被提到的特色就是「即時提醒系統」（just-in-time alert system）。部門主管在新人報到的前一天，會收到一個「提醒做五件事」的電子郵件，這五件事在Google內部經過證明，對新人的生產力有很大的正面影響。這五件事情就是：

一、安排時間和新員工討論他扮演的角色與權責；

二、為新人指定一位較資深的工作夥伴；

三、幫助新人融入公司內部的部門和社群；

四、到職的頭六個月中，每個月要都和新人面談，以瞭解進展狀況；

五、鼓勵新人有話直說。

與其做一個標準流程手冊給部門主管，Google的這個做法比較即時，而且針對部門主管提醒，效果反而更好。

臉書

臉書非常重視新員工報到流程的最初四十五分鐘。首先是介紹企業文化和工作環境，激發新人對公司的認同、提高熱情，以求反映在未來的工作效率上。

這個「四十五分鐘」已經變成一種文化，從事前的規劃準備到新人報到的現場，都十分受到臉書的重視。事前準備包括新人使用的電腦、電話以及系統設置，這些都必須在新人報到之前就緒。

報到當天對新人的溝通和培訓，著重在工作的實務面，例如：如何安排與參加會議，如何取得工作上需要的工具與資源等。

除此之外，臉書在業界最有名的，就是所有新人不論過去的經驗和職位，都必須參加長達六週的「新兵訓練營」（Bootcamp）。這個針對軟體工程師設計的活動，固定在位於矽谷門洛公園（Menlo Park）的臉書總部舉辦，新人從參加的第一天起，就要學習使用臉書的基礎程式庫（code base）來寫程式。因此，作為臉書員工所需要的工具、知識、支援等，都可以在這個訓練營中得到。訓練營舉辦的目的在於：

一、讓新人熟悉臉書的基礎程式庫；

二、養成立即採取行動的習慣。例如看到軟體程式中有蟲（bug），就馬上將它修復，不要留給別人解決；

三、瞭解公司對軟體工程師的期望。

在這六週課程中，會有輪值的資深軟體工程師擔任講師和學員的導師，講解技術課程、輔導學習、回答各種問題。在訓練營一開始時，就由學員自己組織團隊、挑選題目，在這六週內完成。這樣的訓練方式，對於讓新人將工作上手非常有效。

在這期間，有各種團隊合作的活動，加強新人的熱情和向心力，也會陸續介紹臉書內部的軟體開發團隊和專案，讓新人在訓練營結束之後，可以自己挑選有興趣、有熱情的團隊加入。

除了以上目的之外，臉書還發現這個訓練營帶來了其他收穫：在培訓新人之餘，輪值照顧菜鳥的資深軟體工程師們，也同時學到了如何領導團隊，以及如何擔任部門主管或技術主管。從培訓期間建立起的同梯情誼，讓這些新人在加入不同的部門以後，仍然保持緊密的聯繫，有助於打破組織和部門之間的本位主義。培訓期間從學員得到的回應，例如履歷審核的重點、過去工作經驗的參考、面試時的技術測試問題等，也可以作為未來改善招聘面試流程的重點。

結論

企業經常花費很多資源，來保證招聘到好的人才，但又經常會忽略了人才就在企業內，而出現「求才若渴，卻又關門打狗」的現象。（請參閱本書第二章〈天底下沒有不可用之人，往往答案就在組織中〉一文）

複雜又縝密的招聘和面試過程，幫助企業找到了優秀又合適的人才，但如果沒有好的「新人報到」流程作為配套，就可能導致新人在加入的第一年有很高的離職率。

他山之石可以攻錯，美國軟體巨擘的新人報到和培訓做法，值得台灣的企業作為參考。

Part 2 能力

7 從NBA球員看「專業經理人」必須具備的條件與能力

專業經理人必須是全能的。必須知道所有部門的運作方式，具有擔任這些部門主管的能力，但仍然服從企業經營者的指揮調度，扮演好自己的角色，同時又是最好的團隊成員：使命必達，卻又能「成功不必在我」。

台灣所說的專業經理人，歐美稱為professional manager，大陸叫做職業經理人，意思都一樣，只是翻譯用詞的差別。由於我把自己的職業生涯定位為專業經理人，許多讀者在閱讀了我的第三本書《創客創業導師程天縱的專業力》之後私下問我，雖然我在序言裡面提到了「作為專業經理人的三個原則」，但畢竟這是我自己的原則。那麼所謂專業經理人，到底有沒有一個公認的、清晰的定義？其實，只要上網去搜尋，就可以找到一堆定義專業經理人的貼文，讀者們可以參考。

職業籃球隊的例子

不同於網路上搜尋到的解釋，我對專業經理人有自己的定義，在這邊就以大家熟悉的籃球隊做個例子吧。

假設我今天要組織一個籃球隊，那麼我找一個身高兩百三十公分以上的長人，擔任中鋒的角色。他不僅要很會搶籃板，而且很會蓋火鍋，補籃、勾射等籃球得分技巧，更是不在話下。

然後我找了一個得分小前鋒和一個強力大前鋒。身高都在兩百一十公分以上，切入上籃、底線投籃、爭搶籃板、中距離跳投都拿手，而且罰球命中率高，擅長破壞對手的防守隊形。最後是控球後衛和得分後衛，身高都在一百八十公分以上，擅長運球、傳球、助攻、外線三分球、切入上籃等。

總之從一號位到五號位都是各司其職，體型、身材、技巧、團隊合作都是一流的。那麼，這樣一支球隊可以稱得上是職業隊嗎？就以往我對於籃球職業隊的看法，這樣一支球隊應該可以稱得上是職業隊。

三分球和灌籃大賽

美國職業籃球聯盟（下稱NBA）球季打到一半的時候，都會有東西區明星賽，搭配一些個人技術的比賽，例如三分球大賽、灌籃大賽等。大約十年前，我去觀賞了三分球和灌籃大賽之後，從此改變了我對職業球員定義的看法。

那次三分球大賽的冠軍由達拉斯小牛隊（Dallas Mavericks，現在叫做獨行俠隊）的大前鋒諾威斯基（Dirk Nowitzki）拿到。諾威斯基是德國人，二〇一九年退休，是NBA最偉大的球員之一，也是NBA史上第六位達成三萬分的球員。場上位置是大前鋒、中鋒，以強大的後仰跳投聞名於世，球衣號碼為四十一號，綽號「德國坦克」。

而灌籃大賽的冠軍，居然由身高只有一百七十五公分的控衛羅賓遜（Nathaniel Robinson）拿走。羅賓遜綽號「小土豆」，速度快、彈跳好，曾經為多支NBA球隊效力。雖然身高只有一百七十五公分，但卻曾三次獲得NBA的「灌籃王」頭銜。他的爆發力驚人，在高人林立的NBA賽場，常常上演暴扣，但在二〇一五－一六賽季之後，就離開了NBA賽場。

由這次比賽的結果，讓我真正體會到，為什麼NBA球員的年薪會那麼高。雖然這些職業籃球員都具有籃球的天分和後天的努力，但受限於體型，在籃球場上只能打適合體型和技巧的位置。

事實上，每個NBA職業球員即使受到先天體型限制，都還是可以從一號位打到五號位，從這次三分球和灌籃大賽的結果就可以看得出來。但籃球是一個團隊運動，因此每個人就扮演好適合自己體型和技巧的位置，上場比賽還是遵從教練的指導，發揮團隊的合作精神。

回頭看看我先前所組織的籃球隊，雖然每一個位置都挑選最適合的選手，但每個選手只能打自己的位置、只能各司其職，那麼在變動快速的籃球比賽中，彼此可能就沒有辦法互相補位。如此一來，充其量也只能說是一支優秀的業餘球隊。

職場上的例子

在過去四十年的職業生涯裡，我有很多機會認識不少在職場上工作能力強、表現優異的年輕人，他們在聊起自己擔任的工作時，都充滿熱情、說得頭頭是道。但是，當我問起他們整個企業的組織架構時，十有八九都答不出話來，表示他們不太清楚，更遑論其他部門的分工功能和資源了。

有部分的年輕人，就很客氣但又不以為然地問我：「前輩為什麼要問我們公司的組織架構呢？其他部門的功能與職掌對我來說，非常重要嗎？前輩不是經常說要『專注』在目前的工作上嗎？」於是我不得不進一步解釋其重要性。

組織政治

一九九〇到一九九一年，我在矽谷的聖塔克拉拉大學（Santa Clara University）念企管碩士（ＭＢＡ）課程。其中有一門叫做「組織行為學」的課，談到了企業中存在的一個現象，叫做「組織政治」（organizational politics）。望文生義，很顯然「組織政治」就是在組織裡面不可避免地，必須要隨波逐流、搞些政治手段。

由於我對政治一向沒有好感，尤其對於企業內部的政治鬥爭更加沒有興趣，所以在上這堂課之前，我一向抱著「獨善其身」的原則，做好自己部門的工作，盡量不和其他部門產生矛盾。但是聽了這堂課之後，讓我對組織政治學徹底改觀，也讓我在專業經理人的學習路程上，躍進了一大步。

權力缺口

任何企業或組織的資源都是有限的。為了達到最高效能，企業經營者基於分工合作的原則，設計了企業的組織架構。而因為資源是有限的，所以基於資源共享的原則，又設計了中央與產品事業部的「矩陣式組織」架構。因此，對於在大企業內的任何部門，光靠企業賦予的權力與資源，都不足以產生卓越的成果。

如果要達到卓越的績效，假設所需的資源以一〇〇來表示，企業能夠給予部門的資源可能只有六〇，中間的差距四〇，就叫做「權力缺口」（power gap）。**在企業內尋找資源來填補權力缺口的行動與過程，就叫做組織政治。**

填補權力缺口

填補權力缺口的資源哪裡來？當然是從企業內、其他部門去找。但別的部門為什麼要拿他們有限的資源來幫助你、成就你？試想，別的部門也面臨同樣的問題，也需要資源去填補權力缺口。如果你能主動去幫助別人，每次就會收到一張「欠條」，英文是I Owe You，「我欠你人情」的意思。當你累積了足夠的「欠條」，需要填補自己的權力缺口時，就不愁沒有足夠的資源了。這就叫做「組織政治」！

如果連自己服務企業的組織架構、別的部門在幹什麼、有什麼資源都不知道，只聚焦在自己部門，就不可能達到卓越的績效，也不會知道如何去尋找資源，填補自己的權力缺口。更糟的是，有許多人連自己需要填補權力缺口都不知道，在企業內像個獨行俠，不與其他部門合作，只知埋頭苦幹，然後希望「人定勝天」。這些年輕人就算個人能力再強，即使部門績效再優異，仍然只能是個上班族。

但即使懂得組織政治、知道去哪裡找資源填補權力缺口，因而達到卓越的部門成就，充其量仍然只能稱得上是個「業餘球員」。

為什麼NBA的職業球員年薪那麼高？

NBA總共有三十支球隊，每支球隊有十五名球員，總共四百五十名球員。這四百五十人都是全球最頂尖的球員，因此他們的年薪當然是最好的。這話沒錯，但是並沒有深入探討這四百五十個球員擁有什麼條件、為什麼能夠進入全世界籃球的最高殿堂。

我想指出的就是，因為他們是「全能」的，他們具有任何位置所需要的技巧，但是上場比賽時仍然聽從教練的指揮，扮演好自己的角色，發揮團隊精神、全力以赴，這樣才能稱得上是「NBA職業球員」。

在職場上的專業經理人也必須是「全能」的。他知道所有功能部門和產品事業部的運作方式，具有擔任這些部門主管的專業知識與技能，但他仍然服從企業經營者的指揮調度，扮演好自己的角色，同時他又是一個最好的團隊成員：**使命必達，卻又能「成功不必在我」**。

結論

「職業」與「業餘」的差別，在於職業必須是全能的，除了自己負責的部門，也都瞭解、都能勝任其他部門的位置。如此一來，才能成為一個有「同理心」的團隊成員，稱得上是專業經理人。如果只能夠專注在自己部門，並且繳出亮麗的績效，即使幹得再好，也只是一個業餘的上班族。

對於有志往專業經理人生涯發展的上班族，除了在自己部門做出績效之外，也要透過組織政治手腕的運用，帶領部門達成卓越的績效。

在填補權力缺口的過程中，你必須瞭解並學習其他部門的職能與運作，對於上級安排的職位輪調也要勇於接受，對於具挑戰性的任務要勇於承擔，如此才能達到「全能」的境界，成為名符其實的專業經理人。

8 當一個成熟的專業經理人

要成為一個好的專業經理人，必須同時培養對「人」和對「事」的成熟度。足夠的成熟度不僅對自己的職涯有所幫助，也能夠提升團隊的績效。而提升成熟度的主要方法，則在於持續地反省、觀察與學習。

外商公司在做人才績效評估時，常會用「成熟」（mature）這個字來描述被評估的員工，但很少人會問，這個字究竟是什麼意思。我加入惠普台灣時還不到三十歲，雖然努力工作，卻也難免會受情緒影響，所以老闆偶爾會批評我「不夠成熟」，而當時對這個字眼也似懂非懂。

從字典裡的解釋，我們大致可以瞭解是指「成年人的」、「考慮周到的」，總之就是「穩穩當當」的意思。在職場工作二、三十年之後，慢慢對「成熟」這個字有了自己清晰的理解。這個字可以用在工作上，但大部分時候被用來形容人際關係、心態、行為，以及判斷能力等方面。

對事的成熟度

英文「time to maturity」是指「職務到達熟練程度」所需要的時間。

在大企業裡服務，組織架構有如金字塔，分工非常細。基層的工作通常都比較簡單，不需要太高深的專業或複雜的經驗，因此要在基層職務上成為熟練的老手，並不需要很長的時間。越趨向金字塔頂端的工作，工作上負責的領域（job scope）越大，跨的專業越多，熟練所需要的時間就越長。

那麼「time to maturity」有什麼用途？

管理與領導模式

如果在「工作崗位說明書」（job description）上面註明「time to maturity」的時間，就可以對員工與主管提醒工作的複雜度，而主管教導員工的模式，也應該依照員工的熟練程度，施予不同的管理與領導模式：

一、從新手開始的「命令」（telling）方式；

二、接著「行銷」（selling）方式；

三、然後「參與」（participating）方式；

四、最後到熟手的「授權」（delegating）方式。

薪資反映績效

每個職位的薪資都會有一個區間，而不是只有一個薪資點，這樣設計的目的，在於提供不同的薪資等級給職位相同但績效表現不同的員工。新手的薪資起點低，加薪幅度不可能太大，因此在「time to maturity」期間，薪資在區間中的落點就不可能與績效相符。

第二點要考慮的，是績效表現的穩定性和持續性。在「time to maturity」期間，新手的表現有可能起伏不定，因此必須有比較長時間的穩定表現，績效才能反映在薪資區間上。

所謂「薪資反映績效」的意思就是，績效在最頂尖五%的員工，薪資也應該在區間中最高的五%。這唯有在過了「time to maturity」之後，績效才能反映在薪資上。這就是「成熟度」應用在工作上的一個真實案例。

對人的成熟度

對「事」成熟度方面的提升，尚有方法和系統可以依循，但是對「人」成熟度方面的提升，就比較沒有規則。對人方面成熟度低的員工，不僅會影響人際關係、團隊合作，更會影響到個人對事的成熟度，最終導致個人與部門的績效表現不佳。

在我的職業生涯中，最具挑戰性的事情，就是提升自己對人的成熟度，最終贏得老闆和同事的讚許，成為一個「成熟的專業經理人」（mature professional manager）。

在我退休前幾年，終於摸索到自己對「成熟」的定義與方法。我評估自己是否越來越成熟，就是每天睡前的自我反省：

一、每天晚上睡覺前，反思自己一天的言行，後悔的事情越來越少。

二、在反思的過程中，能夠看到別人的優點。看到別人缺點的時候，就如同在一面鏡子中看到自己的缺點。

三、對人、對事、對物，都不再被表象所蒙蔽。能夠看到核心，對事理越來越清楚、越來越通徹。

後悔越來越少

「世上沒有後悔藥，所以後悔也沒用」，這句話我同意前半句，後半句則有不同的意見。世上確實沒有後悔藥，做過的事情也無法重來一次，但為人之道首貴自省，知道後悔的人才能改過。

每天晚上臨睡前，我會習慣性地反思自己當天的言行。年輕時自我約束能力較差，使得後悔的事一長串。但隨著年齡增加，發覺後悔的事越來越少。這就是越來越成熟的現象。

身邊的人是老師

「一眼看出別人的缺點」是人的本能，但滿眼都是缺點的人，是不會進步、成長的。唯有眼中都是優點的人，才能耳濡目染到優點，從而成長。但是，「一眼看到別人的優點」是一種需要學習與培養才能夠具備的特質，只要具有這種能力，就會發現周遭的人都是老師。有了這種能力，就能夠讓人更加成熟。

身邊的人是一面鏡子

既然「一眼看出別人的缺點」是與生俱來的能力，就免不了會看到缺點。在我過去四十年的職涯中，共事過的優秀人才不計其數。我發現，越優秀的人才越不認識自己。雖然周遭的人對他缺點的評論都是一致的，但唯有他自己看不到這些缺點，導致最終敗在自己的手上。

我年輕時也有這種問題，但隨著年歲漸長、閱歷增加，每每看到別人在犯明顯的錯誤時，就想起自己也犯過相同的錯誤。這時不僅更加認定自己的不是、堅定自己改過的決心，對於別人犯的錯誤，也不再覺得那樣可恨了。

當身邊的人都成為一面鏡子，而你又能從鏡中看到自己的過失，這就是「成熟」！

眼見耳聞未必為憑

隨著在企業中的位階越來越高，眼見的景象越來越虛假，耳聞的流言越來越具有隱藏的目的，越來越多事實和真相被虛偽的表象所蒙蔽。這時，腦子感覺越來越清明，對於這些耳聞眼見的虛假表象總能一眼看穿，看到核心的事理，不再因物喜，也不以己悲。

這些年來，不管是輔導新創團隊或為大企業診斷，總是能夠很快就看到問題的癥結，這時我反而覺得奇怪，這麼明顯的問題，為什麼大家都看不見？或許也是拜經驗的累積所賜，但我覺得，這就是成熟的表現。

有志往專業經理人之路邁進，或是有志創新創業的朋友們，不要忘了：除了「人生目標」之外，在為人處世之際也要「be professional and be mature」，成為既專業又成熟的經理人！

9 留下來，還是往前走？職業生涯何去何從？

走上「專業經理人」這條路，跟自己創業有許多不同，其中之一就是專業經理人可以換公司、換工作，但如果是自己創業，除非創業失敗，否則是無法自由自在地換公司的。但專業經理人的路又該怎麼選擇呢？

暢銷書《小，是我故意的》（*Small Giants*）和《師父：那些我在課堂外學會的本事》（*The Knack*）作者柏林罕（Bo Burlingham），在他出版的新書《大退場》（*Finish Big*）中提到：**創業家應該把公司打造成「好像要擁有一輩子，但明天就可以賣掉」的狀態。**

這話說來容易，但是台灣的企業創業家通常卻只做到了上半句「要擁有一輩子」，直到老到不能動了，才不得不交棒給下一代。我觀察到，台灣大部分創業家口中喊著「培養接班人」，其實都是喊假的。正確來說是「培養下一代」，但和「接班」與否則是兩回事。他們最大的願望，就是戰死沙場，做到不得不「走」的那一天。

這種一輩子為一家公司工作的現象，究竟是幸或是不幸？每一個人自有判斷。創業者有不得不的苦衷，但對於就業者而言，不管你喜不喜歡，一輩子服務一家公司其實是非常罕見的。

因此，就業者在一生的職涯中，免不了會面臨必須換公司的時刻：有的人是被迫離開，有的人是自己待不下去，也有的人是被挖角。

離職面試

我在專業經理人職涯的初期，經常擔任招聘面試官的角色，但後期由於職位較高，所以除非是高階職務的招聘，否則我很少再擔任招聘面試官。不過，當我晉升到企業金字塔頂端的時候，反而經常擔任「離職面試官」（exit interview）的角色。當有高階主管離職的時候，我都要親自面試，瞭解他要離開的原因，以作為公司未來改善的參考。

通常員工離職的時候，能公開的原因不外乎：自己的人生規劃、外面有更好的機會、其他公司給的薪水更高等。如果離職面試官懂得使用一些技巧，通常員工都會把心裡的話和真正離職的原因都說出來，這就是所謂的「鳥之將死，其鳴也哀；人之將死，其言也善」——人都要離職了，不妨告訴你真心話。

根據我多年離職面試的經驗，中低階層員工離職的主要原因，有八成以上都是跟直屬主管處不好，或是直屬主管得不到員工的信任與尊敬。至於高階主管主動離職的主要原因，幾乎百分之百都是因為在企業裡失去了「自主權」（autonomy），或許是被動明升暗降，或許是被架空，或許是被冰凍起來。

只想著要離開這裡

我在第一本書《創客創業導師程天縱的經營學》中的〈「四兩撥千斤」的三個管理小故事〉一文中，提到了惠普公司創辦人之一比爾・惠利特（Bill Hewlett）先生說的一段話：

> 每一個員工離開惠普的原因都不盡相同，我們也無法留住所有的員工。但是我們一定要做到，即使員工離開了惠普，仍然認為惠普是最優秀的公司。

我從來就不認為就業者必須對企業忠誠到「從一而終」，惠利特也認為，即使當時惠普是最令人嚮往的公司，員工也會因為各種原因而離開。所以，企業經營者要求員工不離職是不切實際的。

但是，不管是什麼階層的員工，不管是公開的、實際的或主要的原因是什麼，大部分離職的員工都只著眼於為什麼要離開這裡（現在的公司），而沒有考慮到離開這裡後，為什麼要去那裡（下一個公司）？

為什麼要去那裡？

最近有個自己創業當上市公司老闆的好朋友找我幫忙。他告訴我，公司裡有個已經培養十多年的優秀年輕主管要離職，由於我也認識這個主管，因此希望我能夠跟他談談，改變他的主意，讓他不要離職。由於時間緊迫，在十二月二十四日聖誕夜晚上，我約了這位想要換公司的年輕主管到我家裡聊聊。

我並沒有問他為什麼要離開，而是先問他要去哪裡、擔任什麼職務，我也不問他新公司給的薪水有多少。我希望扮演的是一個「職涯發展顧問」（career counselor）的角色，而不是只想勸他不要離職。

基於對我的信任，他告訴了我要去哪裡、擔任什麼職務，然後就急著解釋為什麼要離開這裡。我沒有興趣聽他「為什麼要離開這裡」的理由，反而問他：「你的弱點或缺點是什麼，你自己知道嗎？」這個問題來得太突然，出乎他的意料，使得他一下子答不出來。

他怎麼回答不是重點，他為什麼離職、去哪裡、做什麼、薪水待遇多少，也都不重要。大部分離職的人，滿腦子都是「為什麼要離開這裡？」力圖說服自己「離開這裡是正確的決定」，也力圖說服別人相信，這個決定是對的。

在職場上能夠「從一而終」的人只有極少數，連我自己都換過三家公司，所以換工作、換公司是早晚的事。重要的是，你知不知道自己的目標、未來職涯的圖像還缺哪幾塊拼圖、在「這裡」還有哪幾塊拼圖可以得到、去「那裡」可以找到「這裡」沒有的幾塊拼圖？

我的例子

我的職業生涯，始於一家小貿易公司的電子設備進口部門，擔任一個小業務員。在這裡三年的時間，我學到了各種游擊隊的作戰方法和生存技巧，以及在國外找產品、搶代理的業務拓展模式。

進入惠普台灣之後，開始接受正規軍訓練和團隊作戰能力，按步就班系統化的管理培訓。在實務方面，技術引進印刷電路板（printed circuit board, PCB）工廠、成立惠普國際採購處、成立策略規劃合資顧問公司等。

一九八八年派駐在香港，成立亞洲區市場部門，開始我的國際化管理經驗的養成。一九九〇年派駐加州矽谷的惠普總部，參與並且瞭解跨國公司總部權力核心的運作模式，下班後念企管碩士融入美國文化。一九九二到一九九七年派駐北京，快速累積大陸經驗，同時養成了「不靠職權的領導能力」（managing without position power）。一九九七年底，我知道我在惠普已經碰到了我的「玻璃天花板」，繼續留在惠普已經找不到我缺少的幾塊「專業經理人」拼圖。

一九九七年底加入德州儀器公司（Texas Instruments, TI），擔任亞洲區總裁，同時成為公司核心策略小組成員之一，正式參與跨國公司核心權力圈子的運作。二〇〇七年中，經歷過生產製造管理、產品模具及機構設計、產品事業盈虧自負的利潤中心之後，我知道在德州儀器已經找不到自己最後需要的幾塊拼圖。而我的最終目標，則是成為跨國企業的執行長。

於是我離開德州儀器，加入了在中國大陸稱為「富士康科技集團」的鴻海，並在二〇〇七到二〇一二的五年當中，完成了最後的幾塊拼圖。

在六十歲這一年，我為自己的職業生涯畫上了一個圓滿的句點，也正式結束了「專業經理人」的職涯，開始退休後的經驗傳承之旅。

職業生涯回顧

在我的職涯早期，我並沒有很清晰的輪廓，去預知自己三十多年後的圖像應該長什麼樣子。就好像一個在沙灘上撿貝殼的小孩，看到漂亮的貝殼，就撿起來收進袋子裡，一路向前、無法回頭。我可以停下來把玩袋子裡的貝殼，直到天黑，然後回家。我也可以繼續尋找新的貝殼，收進袋子裡，然後再一路想：「我用這些貝殼可以拼出什麼東西來？」

我選擇了後者。雖然我不知道未來會是什麼樣子，雖然我不知道這些貝殼可以拼出什麼東西來，但是我知道這裡已經沒有「我想要撿的貝殼」了，於是就往前走。袋子裡面的貝殼不斷地增加，我對於未來的圖像越來越清晰，我也越清楚知道我缺什麼貝殼、該往哪裡去找，最終在六十歲那年成就了自我。

大部分離職的人，都知道為什麼要離開「這裡」，而且他們不斷說服自己必須要離開，但是只有極少數人會想到，「這裡」該撿的貝殼都撿完了嗎？如果已經沒有回頭的餘地，那麼下一步應該到「哪裡」去？這時應該停下來看看袋子裡面的貝殼，想想看自己想用這些貝殼做出什麼東西來，還缺哪些貝殼，應該到哪裡去才找得到。

離開「這裡」的原因和理由很容易找，但是要去「哪裡」卻不容易搞清楚。

結語

回到聖誕夜與這位即將離職的年輕主管的談話。對於他為什麼要離開，我沒有興趣知道，我覺得真正重要的是，他要去哪裡？為什麼要去那裡？這就是為什麼要從「他是否瞭解自己缺什麼」開始談起的理由。

他在「這裡」受到重用，二〇一八年初開始擔任兩個產品線的主管，負責研發、製造、行銷和盈虧。他要去的「那裡」是個全新環境，只擔任產品經理的職務，光桿司令一個，只負責為公司尋找可以代理的國外新產品。

離開「這裡」的原因？不重要，不說也罷。經過一夜的長談，他改變主意了嗎？隔了兩天，他送給我一個訊息，仍然要離開，因為他覺得自己還年輕，想要嘗試新的環境。

不禁讓我想起過去演講時，經常提醒年輕人的一句話：**真正的敵人不是外面的競爭對手，是「自己」和「時間」！**

10 其實企業最大的敵人不是對手，而是自己

創業者心中都有夢想，但失敗的主要原因都在於執行手段太理想化，容易走入「務虛、不務實」的陷阱。他們往往從商業計劃書開始，就建構了一個沒有門檻、沒有對手，也不需要考慮客戶需求的「完美世界」。而傳統產業的困境，卻大部分來自「過時的理想」。

在上一篇文章發表之後，有讀者留言說：「謝謝老師的分享。不過，文章看到最後似乎有種未完待續的感覺，是我遺漏掉什麼嗎？還是真的會有續集呢？」那麼，現在就來接著談談，為什麼我們最大的敵人就是「自己」，以及這一點為什麼對創業的老闆們尤其重要。

新創公司失敗的共通缺點

二〇一二年六月底退休以後，我為自己規劃的方向是，輔導兩岸的華人企業成為跨國企

業，同時培訓年輕的就業者成為專業經理人。

因緣際會之下，我在二〇一三年認識了中國大陸的一批早期創客，改變了我的計劃：我開始參與海峽兩岸的創客運動，同時以我的專業經理人經驗協助創客創業。二〇一四年八月開始，透過投入網路媒體和社群營運的深圳新創團隊「深圳灣」協助，我在微信平台上面建立了T&F（Terry and Friends）社群，開始大量輔導新創公司。這四年半來，我在深圳和台北輔導了近六百家來自海內外的新創公司，雖然有少數成功發展為中、小型企業，但九成以上都以失敗告終。

在開始輔導的頭兩年，我認為新創公司遭遇到的困境，在於如何將產品量產。因此我運用過去的人脈，在供應鏈和代工製造方面做了很多媒合。結果是很令人失望的：成功率並沒有提高，反而因為量產階段產生大批庫存，讓新創團隊的損失更大，供應鏈和代工製造廠商，也得不到投資回報。我發現這些失敗的新創團隊都有一些共通點：

一、在新創階段沒有做好策略規劃；

二、目標市場不明確；

三、分不清楚「客戶」和「用戶」；

四、需求和痛點也沒有抓到，導致產品賣不出去。

經過這番總結以後，我改變了輔導新創的做法，開始聚焦在新創的策略規劃上，以指出他們的盲點，以及可能遭遇的挫敗。收錄在《創客創業導師程天縱的專業力》一書中的「策略規劃」系列文章，就是針對新創階段的策略規劃寫下的標準作業程序（下稱ＳＯＰ）。

輔導新創的三不原則

在輔導新創的初期，我除了為新創解決產品供應鏈和代工廠方面的問題之外，也接到新創對於協助融資、介紹客戶和介紹人才的請求，而我則是一直秉持著自己不收費，但也不投資的原則，在輔導方面盡力而為。但是，仍然有不少團隊在合作過程中產生糾紛，使得擔任媒介的我遭到雙方抱怨。在自己深刻檢討之後，我有了兩點領悟：

一、新創與投資方、買方與賣方、老闆與員工，本來在立場上就是很容易對立的雙方，所以能夠達到雙贏局面的少之又少；

二、創業的過程中，找錢、找人才、找客戶的事情，原本就是創業工作的一部分，至於雙方的價值觀是否相同，必須由新創公司自己去面對與驗證。如果貿然由他人介紹、背書，難免會受到誤導。

在深刻反省之後，我為自己定下了三不原則：不為輔導的新創公司介紹投資、客戶、人才。在改變輔導方式之後，我以策略規劃的檢討與建議為重點，往往能夠對於新創的商業計劃書、商業模式或是策略等，提出一針見血的指導意見，但是經過我輔導的新創，失敗率仍然超過九成。雖然說創業成功率本來就低，但其中仍然有一些是創業者本身的問題。

傳統產業的轉型與升級

在過去五年輔導新創的同時，我也接到一些傳統產業的邀請。這些傳產以製造業為主，少數是代理經銷通路，規模從百人到千人，營收在一億到十億台幣之間都有。相對於新創，傳產公司大多處於企業生命週期的成熟期或衰退期，而他們面臨的問題，多半是管理、企業文化或喪失競爭力，因此需要轉型升級和接班。

台灣的傳產企業不論規模大小，其實都很類似：創業老闆加上老臣，是當初打天下的團隊，極為穩定，但卻日漸垂垂老矣。基層主管及員工比較年輕、有想法，卻忠誠度低、流動率高。二代大都是海外留學歸國，教育程度高、見識廣、有自己的想法而不願接班。少數有心變革、願意接班的，又苦於無法與創業老闆溝通，甚至受制於老臣的抗拒。

邀請我輔導的，包括了創業老闆和二代，都是有心變革，而且又有權力和資源做改變的。

收錄於《創客創業導師程天縱的管理力》的〈談「創二代」——從守成、布局，到放手改革〉一文中，指出了二代接班、變革的正確做法，有興趣的讀者可以參考。

只要是傳產創業老闆親自出面邀請我輔導的，我的建議大多會被接受和執行，效果還不錯，可惜的是，願意出面找我的傳產老闆非常少。因此，在過去五年多的輔導過程中，我發現了一些有趣的現象。

一、新創公司找我輔導的非常多，都是想當老闆的年輕人。他們對我的輔導和建議都能接受，但是執行效果很差、失敗率極高。

二、傳產老闆找我的很少，但我的輔導和建議通常都會被接受，而且執行效果極好。

我和這些傳產老闆聊天時，也會好奇地問他們：「怎麼會找到我來輔導？」他們告訴我，公司裡的高階主管或二代看了我的書或臉書上的文章，於是主動建議老闆來邀請我去輔導。而這些邀請我的傳產老闆都有個共同點，就是他們跟屬下或二代的溝通比較開明，也能夠接受他們的建議。

在仔細分析我過去輔導的新創和傳產的結果之後，我發現了一個共同的問題，就是「自我催眠」。

理想和理想化

不管是為了賺錢、不得已被逼上梁山，或是無法接受被老闆管，創業者都有個共同點，就是「自我意識」比一般人要強，而且在創業初期都會有自己設定的「理想」。

人要有「理想」，但是不能「理想化」。「理想」指的是目標，「理想化」指的是執行。

創業者在創業初期，心中都有著夢想和理想，這一點很好。但失敗的主要原因都在於執行手段太理想化，容易走入「務虛、不務實」的陷阱。他們往往從商業計劃書開始，就建構了一個「完美世界」。在這個世界裡沒有市場門檻、沒有競爭對手，也不需要考慮客戶的需求與痛點，只要有產品，就可以賣給全世界的客戶。

如果不具備創業條件、管理經驗又不足、不懂得抓業務和財務、創業團隊又不能夠補強自己的「短板」，成功的機會就會非常低。關於「長、短板」的說明，可以參閱上述「策略規劃」系列文章的第四篇：〈創業團隊的「核心能力」和「核心競爭力」〉。

然而，傳產所面臨的困境又跟新創截然不同。台灣的傳產企業已經過了誕生期和成長期，進入了成熟期或衰退期。他們已經通過了執行力的考驗，所以通常不會有「過於理想化」的問題。公司規模大小不論，至少這些傳產都經過了生存的考驗，在市場上占有一席之地，有些還成功地上櫃或上市。這些經驗，讓他們對於創業時的「理想」更加執著、面對市場競爭更加自信，因此很容易進入「自我實現的預言」的模式裡，久而久之就變成「自我催眠」了。

自我實現的預言

根據維基百科（Wikipedia）的解釋，自我實現的預言（self-fulfilling prophecy）是由美國社會學家羅伯特．金．莫頓（Robert King Merton）提出的一種社會心理學現象，是指人們先入為主的判斷，無論其正確與否，都將或多或少地影響到人們的行為，以至於這個判斷最後真的實現。白話一點的說法，自我實現的預言就是指我們總會在不經意間，使自己的預言成為現實。信念和行為之間的正向回饋被認為是自我實現的預言成真的主要原因。雖然此類預言的例子可以一直追溯到古希臘和古印度時期的文學作品，然而「自我實現的預言」這個名稱直到二十世紀才由莫頓提出，並對它的結構和推論做了比較系統化的定義。莫頓在他的著作《社會理論與社會結構》（*Social Theory and Social Structure*）中對自我實現的預言做了如下闡述：「**一個對情境的虛假定義，引起了一種新的行為，而這種行為讓最初虛假的猜想成**

真了。」

「自我實現的預言」也發生在傳產老闆們身上，造成了他們企業的困境。他們創業的「理想」，再加上過去的成功經驗，使得他們對於大環境的變化無感、對於高科技的影響無知、對於企業陷入的困境無解。「自我實現的預言」是利或弊，端看這些傳產老闆對於「理想」所設定的「情境定義」是否正確，是否能夠反映現實環境和科技趨勢。

由於有著開明、開放的心態，這些傳產老闆才能接受屬下建議，來找我輔導，而我所做的，就是打破他們過時的「理想」，將他們從「自我催眠」中喚醒，引導他們回到生意的本質，建議他們新的「情境定義」。

結論

再強調一次：人要有理想（目標），但是不能理想化（執行）。

新創公司的失敗，多半是敗在執行上太過於理想化。只有具備足夠的創業條件和工作歷練，才能夠務實。這些都需要時間，這也是我之所以反對沒有經驗的學生創業的理由。

而**傳產的困境，大部分來自過時的「理想」**。在今天這個快速變動的時代，高科技改變了所有產業的生態，傳產過去的成功，使得「自我實現的預言」變成了「自我催眠」。我最近輔導的幾個傳產老闆，都在討論過程中自己體認到，公司的困境是他們「自我催眠」所造成的。裝睡的人叫不醒，自己想睡的人更加叫不醒。在討論傳產的轉型升級之前，首先的要務就是確認「老闆已經醒來了」。

不論是新創還是傳產，關鍵都在於創業者本人，如同我在上一篇文章中所說的：**企業最大的敵人不是外部的競爭者，而是創業者自己。**

11 天底下沒有不可用之人，往往答案就在組織中

創業成功的老闆大多是孤獨的。對外面對所有困境，對內則是公司的支柱，必須有泰山崩於前而不動搖的自信，但久而久之，這種自信難免成為「求才若渴，又關門打狗」的問題來源。此時，企業主應該認清情勢、敞開心胸，因為答案往往就在組織中，根本不假外求。

我相信天生我才必有用，因此經常強調「天底下沒有不可用之人」。但是可用、不可用，還是要看老闆是否做對兩件事：

一、首先要擺對位置：每一個人都是獨特的、唯一的，當然有所不同。這些差異也會具體表現在個性、長短板，以及行為上。只要擺對位置，都可能成為企業的支柱。

二、其次，是老闆有沒有能力和意願，花時間去教導員工。璞玉尚需琢磨才能成為大器，更何況是企業一分子的員工？

要做到這兩點，就必須要有識人之明，瞭解員工的長處、擺在適當的位置、給予足夠的教導和領導。人才的選、育、用、留，是企業老闆和用人單位主管們不可推卸的責任，絕對不能推卸給人資。以惠普公司為例子，一九三九年成立於美國加州矽谷，一直到一九五七年才首次成立了人事部門，在這十八年當中，員工的選、育、用、留都是部門主管的責任。

以同樣的邏輯來思考，社會上也不應該有「邊緣人」的存在，端看政府、社會、家庭是否願意花時間、給機會。如果選擇放棄的話，那麼不僅製造了很多的社會「邊緣人」，也會造成各種社會問題，結果付出的代價更大。

企業的情況也一樣。如果老闆只把員工當成「生財工具」，可以折舊、可以拋棄、可以替換的話，就會造成勞資糾紛不斷、員工抱怨、客戶不滿。結果是「鐵打的營盤，流水的兵」，付出的代價更大。所以，如果你想要創業當老闆，或者已經是企業的老闆或經營者，若想把企業做大，就要避開以下這些常見的錯誤。

求才若渴，卻又關門打狗

台灣有許多創業成功的老闆，往往是非常的自信、自負，管理和領導的模式大多是獨斷獨行，在公司裡很容易形成一言堂。他們認為公司能有今天，都是靠自己的努力，而不認為員工的貢獻有多大。

這些企業老闆也瞭解，公司要持續發展，需要更多的人才。然而，他們常常對自己的員工有「恨鐵不成鋼」的感覺，因此對於外部人才不僅有需求，甚至達到了「求才若渴」的地步，也願意三顧茅廬，把人才請進公司。

外頭招聘進來的人才，往往會有一段時間的蜜月期。在蜜月期間，老闆對這些新進人才總是尊重有加，但人才畢竟需要融入公司文化、適應老闆的管理模式，否則就無法為老闆所用。蜜月期結束後，就進入「關門打狗」的階段。就如同再好的良駒，如果馴服不了，終究還是野馬一匹，不能為主人所用。

首先，老闆會露出原形，「打」老員工給新進人才看，看習慣了以後，就開始「打」新進人才。這時候，新進人才就和公司裡的老員工沒什麼兩樣了，而這段轉換期可能會非常痛苦。

如果不能融入公司文化和老闆的領導模式，人才在短時間內就會因為水土不服而離開。如果可以熬過這段時間而留了下來，那麼原本的「新進人才」往往又跟老員工一樣，變成沒有多大差異的「奴才」了。

然而，這些老闆往往沒有意識到，如果不改變在創業過程中培養出來的管理領導模式，不但新進人才留不住，原本的優秀員工也會紛紛求去。也就是說，他們自己就是最大的「毀滅人才機器」。

外來的和尚會念經之一

一九九四年初，我在北京擔任中國惠普總裁進入第三年。某天上班時接到一通美國打來的國際電話，這位女士自稱是服務於麥肯錫管理顧問公司（McKinsey & Company）美國總部的管理顧問。

簡單地自我介紹以後，她告訴了我事情的原委：惠普公司對於金磚四國（BRIC，也就是巴西、俄羅斯、印度和中國）新興市場非常重視，因此委托了麥肯錫顧問公司，為惠普提供這四個新興國家市場的策略規劃與建議。因此，麥肯錫組織了一個團隊，針對這四個新興國家市場做研究，並將結果彙整成一份報告，向惠普的領導高層提出建議。這位女士負責的是中國市場，她在四處打聽之後，經過多人推薦，確定我是外商派駐中國大陸的高階主管當中，最瞭解當地市場的專家，於是冒昧打電話來請教我。

於是我問她：是否來過中國？對中國大陸市場瞭解多少？她的回答令我啼笑皆非，她曾經去過新加坡和香港，但是從來沒有來過中國，對中國市場完全不瞭解。因為她對IT市場和策略涉獵多，與惠普有過多次合作，因此被麥肯錫指派來擔任這個任務。她的專長在於找到專家、收集資料、整理分析、提出策略，而我就是她找到的專家。至於我本身就是惠普中國區負責人，則完全沒有影響，反而讓她更加信任我，因為我可以透過麥肯錫的報告，把我的想法傳達給惠普最高層。

想想也對，於是我和她前前後後進行了多次電話會議，超過六個小時，回答了她所有的問題，直到她滿意為止。

外來的和尚會念經之二

一九九五年初，我在北京接到美國惠普個人電腦事業部的要求，希望我安排來自美國的考察團與中國電子部產品司長張琪在北京見面，請教惠普個人電腦事業部在中國大陸設廠的選址問題。惠普在大陸設廠，有助我們推動業務，我當然是一口答應了。

在香格里拉飯店的晚餐交談中，張司長得知這個美國總部來的代表團，在來北京之前已經實地考察了三個城市，於是他好奇地問，是哪三個城市？結果發現，代表團去的是東北和西北的二、三線城市，這三個城市都不是電子部發展ＩＴ產業的重點。於是張司長又好奇地問，是誰推薦的？總部來的專家回答說，是位於矽谷的一家知名顧問公司。

於是張司長告訴他們說：「中國政府歡迎惠普到中國投資設廠。電子部是高科技產業發展的規劃部門，提供外資免費的諮詢服務和落地協助。你們找了昂貴的顧問公司，提供的建議不能說不好，但也不是最佳的。」接著看了我一眼說：「即使貴公司有自己的考量，不信任我們電子部，你們也應該聽聽你們自己內部專家的意見。你們程總在北京好幾年了，說他是中國專家絕對當之無愧。他的建議，肯定會比你們找的這家顧問公司來得可靠。」接下來是一陣靜默，我也非常尷尬，因為這也表示，我還沒有贏得美國個人電腦事業部的信任。

結論

創業成功的老闆，大多數是孤獨的。對外，他必須面對所有的困境、做困難的決定；對內，他是所有員工的領導者、公司的支柱，必須有泰山崩於前而不動搖的自信。

久而久之，難免會有「求才若渴，又關門打狗」的情況發生。自己不自覺，而屬下也不會去提醒，結果變成了抱怨員工不成材，又留不住外來人才的企業發展困境。這真正應了這句老話：「當局者迷，旁觀者清。」周遭的人都知道問題出在哪裡，就只有老闆自己一個人不清楚。

至於「外來的和尚會念經」，在產業界是普遍的現象，即使成功如惠普的高科技跨國企業，也免不了會發生。

其實，在任何企業內，都有許多璞玉，需要老闆或部門主管去挖掘。只要能夠善用這些人才，又何必外求呢？

12 誰扼殺了企業的轉型和創新？

在過去三十多年的專業經理人職業生涯當中，有非常多機會接觸到台灣企業創業成功的老闆們，而又由於我在美國跨國企業服務三十年，因此對於東西方企業文化的差異，感受特別深刻。東西方文化的不同，在對孩子的教育上最能體現：西方人用引導、啟發的方式來教育，東方人則相信「嚴師出高徒，棒下出孝子」，打打罵罵最有效。

管理vs.教導、責備vs.羞辱

在我剛加入某本土企業集團時，有位高階主管跟我說：「這裡的管理模式很簡單，總結一個字，就是『譙』！」其實不只這個集團，許多台灣知名企業都採用這個管理模式，規模越大、越成功的企業，「教導」的方式越嚴格，甚至達到了「嚴苛」的地步。

我在這裡特別採用「教導」這個詞，而不用「管理」，是因為「管理」兩個字中至少還有個「理」字，教導則著重在「教」。至於有沒有效果，似乎也就沒有人太在乎了。

台灣有這麼多的企業，當然模式也有差別，但是差別並不大。差別只在於有的用國語、有的用台語、有的用英文，但重點都是「譙」。

其實說真的，我並不全然反對「嚴師」或「棒子」的管理模式，但有些企業似乎搞不清楚「責備」與「羞辱」是完全不同的兩回事，很多老闆甚至把它們直接畫上了等號。

重視管理的企業，通常對做不好的屬下只會「責備」，而採用教導模式的企業，無論同仁做得好或不好都一視同仁：只要是不合己意的，逮到機會就會「羞辱」一番。

為什麼有些老闆喜歡羞辱屬下？

先前我在「價值觀」和「企業文化」這兩個題目上寫了不少文章，目的就是要引出分析東西方企業文化差異的論述。請各位參閱收錄在《每個人都可以成功》裡的〈東西方文化衝突的根源：平等與不平等〉和〈東西方的文化差異：人與人之間的距離〉這兩篇文章，就可以理解，為什麼台灣企業偏好用「教導」和「羞辱」的方式來對待屬下和員工。

因為台灣傳統企業的文化，仍然受到東方傳統文化的影響，而東方社會的穩定和發展，本來就是建立在階級不平等的架構上。同樣地，東方企業的治理基礎和架構，也是建立在階級不平等的基礎上。

但是，台灣在解嚴、開放至大陸探親、民主選舉之後，快速引進西方的價值觀和文化，而網路和社群的發展，更加速了東西方兩種文化在台灣的衝突，導致兩極化、對立、矛盾、抗爭的現象比比皆是。

有些台灣企業至今奉行採用的，仍然是教導和羞辱並行的管理模式，然而隨著時間和科技的發展，它一定會被淘汰。我只是擔心，這些企業是否會隨之滅亡？而且會不會在滅亡的時候，仍然不知道究竟發生了什麼事？

誰扼殺了轉型？

今天不論是產、官、學、研，各界都在討論高科技對於傳統產業的衝擊。在行動網路、雲端、大數據、人工智慧等高科技浪潮一波又一波地衝擊下，傳統產業似乎奄奄一息。於是產業界的老闆們爭相參加各種企管碩士在職專班（下稱EMBA）、商學院、論壇，希望能夠從少數成功轉型的案例中，找到自己企業的救命仙丹。可惜的是失敗者眾，得益者寡。

在看到或是親自輔導過許多傳統產業轉型的案例後，我發覺失敗的原因並不在於他們沒有引進這些時髦的高科技或轉成新的商業模式，而是在於：**企業治理模式沒有改變**。他們仍然依循著教導、羞辱的方式，並且以階級不平等的組織架構文化為主體，期待高科技的新瓶能夠繼續裝著不平等文化的舊酒。

我也親眼見證了許多企業高喊著要「轉型成為科技公司」、「轉型成為新零售公司」、「升級為人工智慧」、「加上網路」等等口號，透過招聘、挖角、併購，引進了一隊隊的高科技人才。但是在舊有治理文化不變——教導、羞辱、不尊重專業——的情況下，新進人才轉了一圈以後紛紛求去，而僥倖留下來的這些人才也被同化成奴才，轉型何以畢竟其功？

誰扼殺了創新？

或許大家在網路上都看到過「不敢吃香蕉的猴子」，或是叫做「五猴實驗」的故事：

研究人員擬定一項實驗設計，這個實驗的基本元素包括：五隻猴子，一個大型鐵籠子，籠子中間設有可以掛置香蕉的掛勾，掛勾上設有可以啟動強力水柱的感應裝置，以及猴子喜愛的香蕉。其中，有些元素是固定不變的，包括籠子、掛勾以及香蕉，其他的部分則是可變的，也就是可以由研究人員控制的設置條件，包括五隻猴子的組成與變動、強力水柱是否啟動噴射。這樣的組合，讓研究人員可以透過改變這些元素的條件，觀察社會個體與群體的互動、個體習慣的養成、群體傳統的形成，以及權力關係如何形成與延續作用等問題。*

後來，雖然有人揭發了這個流傳二十幾年的故事和實驗，事實上是有人編撰出來的，但仍有其他實驗證實了「恐懼制約」的現象確實存在。

東方式的教導和羞辱，就是一種不打折扣的恐懼制約。再加上「從眾行為」的社會現象，在企業內就形成了「文化」，讓新加入群體的人在受到恐懼制約之後，要不是選擇離開，就是選擇從眾。

結論

無論是傳統產業或成熟期產業，想要擁抱高科技、降低高科技的衝擊，都必須引進新的團隊、採用新的科技和模式，以求轉型或升級。但如果不思在企業文化上做根本的改變，即使有再多的投資和努力，最終還是會以失敗收場。

* 資料來源：林寶安教授，國立澎湖科技大學通識教育中心，〈習慣與變遷：五隻猴子的故事〉，網址：https://twstreetcorner.org/2015/05/05/linpoan/。

要改變企業文化，就必須從企業老闆的思維和行為開始改變。如同我過去提到過的：企業最大的敵人，通常不是外部的競爭對手，也不是高科技，而是老闆自己。

如果企業仍然奉行教導和羞辱的管理模式，終究會被時代的潮流所淘汰，不要歸咎於競爭對手和高科技。當你扼殺了一個人的自尊，也就扼殺了他的熱情與創意。

13

誰扼殺了企業的競爭力？

過去五年，我輔導了超過五百家新創企業，九成以上都失敗了，每一家失敗的原因多少都有一點不同，但是相同的致命原因都是因為「不賺錢」。在我專業經理人生涯的三十五年之中，我一直認為賺錢很容易，因為我擁有跨國大企業的舞台和資源。可是在輔導了這麼多新創團隊之後，我才真正體會到，小企業要賺錢真的不容易。

所以，我在輔導新創團隊的時候，給的第一個忠告永遠是：**不要急著顛覆世界，首先要想的是求生存、怎麼賺到第一桶金。接著省吃儉用，比氣長，讓公司活下來。**

企業存活的關鍵就是現金流。收入一定要穩定地大於支出，現金流一定要是正向的、增加的。因此，新創企業為了生存，都要絞盡腦汁增加收入、降低成本和費用。

飛豬理論

小米創始人雷軍說過一段話：「創業，就是要做一頭站在風口上的豬，風口站對了，豬也可以飛起來。」後來這句話就在中國大陸流行起來了，叫做「飛豬理論」，又稱為「風口論」。於是各行各業，尤其是傳統產業，都在積極尋找高科技的風口，大家都希望成為下一隻「飛豬」。

雷軍的本意是，只要抓住了好的機遇，即便是豬也能成功。雖然他在二〇一五年六月又補充說：「任何人成功，在任何的領域都需要一萬個小時的苦練。如果沒有基本功就談飛豬，那真的是機會主義者。」但來不及了。雷軍的「飛豬理論」是一帖毒藥，害死了無數的新創。因為雷軍在創立小米的時候，他已經在「金山軟件」賺了很多錢，再加上他在投資圈的人脈，資金根本就不是問題。

而我輔導過的新創，都是傾家蕩產、抵押房產，才能夠湊出一點資金來。剛開始時，根本沒有人願意融資給他們，哪裡來的時間與資源，讓這些新創苦練一萬小時？即使有些新創確實站在風口上，但由於不重視現金流，為了練功，支出遠遠大過收入，結果等不到風來就已經餓死了。

小公司求生存的方法

於是，海峽兩岸的新創企業，尤其是台灣早期的微型企業，為了賺第一桶金、為了生存，都採取了一些遊走於法律或道德邊緣的方法，以求增加營收、降低成本，保持活命。像是：

一、**賺員工的錢**：新創企業的員工，往往要一人當數人用。因為規模小、人少，沒有辦法像大企業一樣分工。但是也有好處，就是能學會一身武功。眼看著老闆及團隊為了創業拚搏，在從眾的心理壓力下，只能像老闆一樣拚命加班，往往又沒有加班費可拿。

二、**賺政府的錢**：政府為了鼓勵創新創業，也為了招商引資，經常為新創或微型企業提供各式各樣的優惠政策。因此在傳統的B2B（企業對企業，business to business）、B2C（企業對消費者，business to consumer）等商業模式之外，又創造了「B2G」（企業對政府，business to government）的新模式，也就是專門拿政府補貼的新創。一些創業小老闆會想，政府補貼或優惠都有預算，不拿白不拿，於是拚命要求政府補貼。

三、**化灰色地帶為競爭優勢**：在這個高度競爭的時代，大吃小是常態。微型企業除了充分發揮決策快、彈性高的優勢之外，還要以「穿草鞋的不怕穿皮鞋的」心態，去面對大企業的競爭。大企業擁有品牌、規模的優勢，但反過來說，環保、社會責任、品牌形象等就成了包袱。小企業當然不能違法、犯法，但是這個世界並不是非黑即白，尤其在不成熟的市場，規則並不是非常嚴謹，往往有很大的灰色地帶。許多微型企業為了生存，往往必須化灰色地帶為競爭優勢，才能做到以小搏大的戰略和戰術。

四、**道義放兩旁，利字擺中間**：做生意當然要講道義、講誠信，生意才能長久。但是，創業本來就是九死一生的事，當小企業面對生死存亡關頭之際，只能務實地不守承諾、翻臉不認帳。因此，一般的商業糾紛，發生在小型企業的比例就非常高。另一方面，大企業由於必須考慮永續經營，對於合約、法規、商譽的遵循就比較嚴格一些。對於小型企業為了生存，而採取一些非正規、擦邊球的做法，我個人雖不認同，但卻是可以理解的。

巨嬰症

但是，如果企業沒有隨著本身發展壯大，而摒棄上述這些做法的話，就會導致企業的衰退與滅亡。更糟的是，由於這些做法的確管用，企業老闆帶頭做，無形之中就會成為企業文化的一部分。這就如同一個已經長大成人的壯年人，仍然存在幼稚的心態與行為，身上仍然穿著嬰兒服裝，宛如一個「巨嬰」，終究會影響融入社會的能力。

扼殺競爭力

收錄在我第一本書《創客創業導師程天縱的經營學》裡的〈別讓成本優勢減損企業核心競爭力〉一文中提到：「如果企業的整體優勢並非全部來自於營運效率和核心競爭力，長遠來看其實對企業是有害的。」一個企業的整體競爭優勢，應該來自於組織的經營管理和效率、核心技術和產品，以及成本和費用的管控等，因為，這些才是企業真正的核心競爭力。

依靠總部資金優勢來投資辦公大樓，以降低辦公室使用成本，或是利用政府補貼來降低成本和增加利潤、壓低勞工薪資或鼓勵勞工免費加班、降低品質標準或數據造假、利用挖角竊取技術和商業機密等措施，或許短期看來是有利的，但是長期來看，對企業的整體競爭力其實是有害的。

在市場競爭之中，企業比較的是總體的競爭力，當你在某個部分的成本上占優勢的時候，就很容易在其他地方把這些省下來的成本浪費掉。

總結

這個世界是很公平，也是很平衡的，尤其是在企業的經營管理上。

微型企業靠著「小米加步槍」的游擊隊作戰方法，或許可以在叢林中打敗正規部隊，但如果本身已經壯大成大型企業，就必須培養自己的正規部隊，不能永遠靠著游擊戰術，想要在叢林裡和競爭對手周旋。

企業要有危機感，時時刻刻保持在求生存的狀態，這心態上是對的。但必須隨著年齡和身體的長大而改變行為，不要成為巨嬰。在總體競爭中，靠著不正當手段得到的優勢，對於企業的核心競爭力終究是有害的。

後記

接連寫了幾篇文章，都是從「企業的最大敵人就是老闆自己」的觀點出發的。雖然是寫給老闆看的，但是作為員工也必須知道這些道理，因為，員工或許有一天也會變成老闆。

這幾篇文章都是針對華人企業，因為這類現象在歐美企業中比較少，原因在於歐美百大企業的經營者多半是專業經理人，比較不會把企業當成「自己的囊中物」。

這篇文章的重點，在於市場競爭是總體性的，尤其在「總成本」上。即使能以取巧的手段獲得低成本優勢，往往就會以「降低核心競爭力」的方式浪費掉。台灣長期以來的勞工低薪問題，正在降低台灣產業的競爭力，就是這個道理。

反過來說，從近日「華航機師罷工」事件來看，*華航資方認為勞工的訴求會增加華航的成本，降低華航的競爭力。真的是這樣嗎？還是同一句話：「**即使在最惡劣的環境下，生命自會找到出路。**」

而這個「生命」，就是華航的「經營管理層」，或者可以擴大地說，是華航「勞資雙

*編注：該事件始於二〇一九年二月八日，本篇文章首次發表於二〇一九年二月十一日。

方的生命共同體」。接受勞方訴求所產生的成本，自然會在「生命共同體」的努力當中找到出路。有了這些新的出路，才能真正創造企業新的「核心競爭力」，這就是台灣諺語「打斷手骨顛倒勇」的意思，也是專業經理人的使命與挑戰。

台灣企業的老闆之中，有不少非常優秀的人，更不乏我心中非常佩服的。但有些企業碰到困境或瓶頸，他們並不一定知道原因是什麼。或許這就是所謂的「當局者迷，旁觀者清」吧。

如果這幾篇文章有幸能讓台灣企業老闆們看到，我希望老闆們能抱著正面的心態來看待。因為這些文章的目的不是批評或貶低台灣企業的老闆，而是希望台灣的企業也能調整體質、走向世界！

14 是誰讓企業迷失了方向、失去了目標？

許多企業家在創業之初都有理想和目標，但面臨競爭時免不了會取巧，久而久之，就形成了短視和扭曲的目標。企業家必須能夠拒絕誘惑，避免各種方便和取巧的手段。因此，一部如同國家憲法一般的企業基本法，對於剛進入高速成長期的公司尤其重要。

前幾天，我輔導中國大陸一個營收千億台幣企業的人力資源副總裁。他從一九九一年開始工作，在人力資源領域有二十多年的經驗，並在二〇一七年底加入了這個企業集團。

他在談到過去經歷的時候，提到最早是加入華為公司。他服務於人資部門，也親身參與了華為的企業文化和制度系統的建設。他在離開華為之後，加入了一家家電企業，並為這家公司建立了企業的「基本法」。由於我從來沒聽過這個名詞用在企業裡，所以不禁好奇地問：企業的「基本法」是什麼？

企業文化的架構

圖 14-1：企業文化的洋蔥圈模型

何謂「企業基本法」？

原來，他所謂的基本法包含了企業的使命、願景、價值觀、策略等，這倒是有點像我的企業文化洋蔥圈模型裡，核心價值觀與第二層的策略與願景（請見圖 14-1）。

除了為企業建立基本法以外，他還幫服務過的幾家大企業，建立了任職資格體系、考核評級制度、績效激勵制度，和人才梯隊建設辦法等。總之，這位人資副總裁確實有許多的理論和實務經驗。

他目前任職的這家企業成立於二〇〇四年。短短的十五年，透過政府融資、資本運作、借殼上市、以小吃大的併購，從一個小型民營企業，野蠻生長成為台幣千億營收的大企業。

創業的老闆精明能幹，是一等一的業務高

手，雖然沒有很高的學歷，卻能夠白手起家、掌握商機、訂定策略，打下一片江山。最近幾年迅速成長，使得營收年年翻倍，二〇一七年底，企業快速擴充到兩萬多人。創業老闆明白自己的短板，以及原本創業團隊能力的不足，於是透過獵頭公司挖來了這位經驗豐富的人資副總裁。

加入了一年多之後，這位人資副總裁究竟為企業做了些什麼事？是否也幫這家企業建立了基本法和各種人資行政制度？他的回答倒是出乎我的意料，他說在過去一年當中，基本上只做了三件事：招募基層作業員（在大陸稱為普工）、解決失控、大量裁員。

招募作業員

這個產業的旺季是從第二季開始，所以過完春節之後，就開始大量招募工人。於是該公司忙著透過人力仲介公司、學校合作、各處人才市場，為散布於各地的工廠招募作業員，以滿足生產製造的人力需求。跟這個需求相比，什麼企業的基本法、人資行政體系等，就先擺一邊吧。

於是，總員工數快速成長到三萬八千人，工廠的直接員工、間接人員、管理階層都大幅增加，用工成本也大幅攀升。所以，這時候哪有時間做組織檢討和人力資源評估？先滿足客戶的交期再說。

解決失控

由於借殼上市和四處併購，這家公司的生產工廠散布在好幾個省份的不同縣市，幾乎每個工廠的人資行政系統、薪資福利、職級體系都不一致。

同樣一個工作，在不同工廠裡的職級、職銜和薪資都不一樣，連各個工廠的人資部門都難以整合，也無法集中聽命於中央人資副總裁。於是，他只好實施鐵腕政策，強力整合各地方的人資，並拿出一套基本的人資行政制度，要求各地方遵守。如果有不配合、不服從的地方人資主管，就立刻換掉。

大量裁員

企業老闆也瞭解，這種野蠻生長方式產生了大量沒有效率的組織和冗員，使得成本失去了競爭力。於是在旺季即將結束的六月，開始了齊頭式的大裁員，導致各地方工廠、各個產品事業部門、集團中央職能部門都怨聲載道。

在強力執行之下，集團員工總數從最高峰時的三萬八千人，降到了二〇一八年底的兩萬五千人，其中間接人員和管理階層方面，則從六千五百人降到了三千五百人。

人資的困惑

眼見著二〇一九年的旺季又即將到來，於是增加作業員、持續裁員、優化組織、提高人均產能，都要齊頭並進，這位人資副總裁的挑戰，似乎又要進入新一輪的循環。

在這次輔導當中，人資副總裁準備了四個問題請教我，主要還是圍繞在：

一、如何解決這種季節性的循環困境？

二、如何影響老闆和高層，提高對基本法和制度系統的重視？

三、如何改變企業重營收獲利、輕管理制度，重短期、輕長期的文化？

在接下來的討論和輔導當中，我給了許多令他滿意的建議，完全超出他人資領域的想像。但是，這並不是本篇文章的重點，我比較有興趣的是「企業的方向與目標」。

華為基本法的緣由

在台灣是「萬事問Google」，在大陸是「萬事問度娘」（百度）。我用百度查了一下「企業基本法」，發現「華為基本法」從一九九五年萌芽（當年的銷售額是人民幣十四億元，員工有八百多人），到一九九六年正式定位為「管理大綱」，到一九九八年三月審議通過，前後花費三年時間，聘請六位人民大學知名教授來起草。

「基本法」這一稱呼，出自華為總裁任正非。那些年，正值《香港基本法》熱議之時，於是任正非在一次會議上提出：「華為也要有自己的『基本法』。」有興趣深入瞭解相關詳情的讀者，可以上網搜尋「華為基本法」。

由於中美貿易戰的關係，華為成了鎂光燈的焦點，在國際上的知名度也大大地增加了。但是，對於現在年輕的一代，包含華為的年輕員工在內，「華為基本法」也慢慢泡沫化，成為已經翻過去的一頁歷史。

在仔細瞭解了這部法的誕生背景和過程之後，我對於華為創辦人任正非的高瞻遠矚，以及華為取得的成就，就更加敬佩了。因為，任正非創立了華為，不僅是一個簡單的「創業」，他的目標是創辦一個基業長青、永續經營的「偉大事業」。

沒有人可以預見華為是否能夠永續經營，但是，任正非在起草「華為基本法」時已經有了這個願景，並且對社會公布全文、接受外部的監督。如今華為在高科技產業取得的領導地位，或許並不是偶然的。

企業的目標

我在惠普工作二十年，接著在德州儀器工作十年，與「華為基本法」比較，惠普和德州儀器相對是提綱挈領，不像華為一樣鉅細靡遺地寫出了一百零三條基本法。

如果參照我的「企業文化洋蔥圈模型」，「華為基本法」已經包含了模型的第三層「目標與管理」（我英文用的是「policy and practice」）。例如，組織政策、人力資源、控制政策和修訂法這四個章節，幾乎都屬於模型第三層的管理政策（policy）。

核心價值觀應該是恆久不變的，而往外的幾層，則是需要隨著時間和環境的不同而改變。這也說明了為什麼「華為基本法」會隨著時間而慢慢泡沫化。

我在之前的文章中，有許多篇談過「核心價值觀」和「企業文化」，這裡就不再重複了。「核心價值觀」的主要目的在於規範企業員工的思想和行為，而「企業目標」則是在敘述企業追求的方向。惠普的創辦人之一大衛・普克德（David Packard）曾經說過：

如果我們要追求的是極致的效率與成就，每個層級的每個人都必須團結一致、朝著共同的目標努力，並且要避免各行其是、多頭馬車。

It is necessary that people work together in unison toward common objectives and avoid working at cross purposes at all levels if the ultimate in efficiency and achievement is to be obtained.

而惠普的企業七大目標，是兩位創辦人惠利特和普克德於一九五七年寫下，作為惠普公司經營發展的最高準則。這七個企業目標包括：

一、**顧客忠誠度**：我們持續最高的品質與價值，贏得顧客的尊敬與忠誠。

二、**利潤**：我們追求足夠的利潤來支持財務成長、為股東創造價值，同時達成企業目標。

三、**成長**：我們追求並把握以自身能量為基礎的一切成長機會。

四、**市場領先地位**：我們透過研發與銷售實用而創新的產品、服務與解決方案，維持在市場上的領導地位。

五、**對員工的承諾**：藉由以績效為基礎的升遷和獎勵，並且創造符合我們企業價值的工作環境，展現對員工的關懷與承諾。

六、培養領導能力：我們在各階層都會培養領導者，以達成營運目標、實踐價值觀，並且帶領公司成長和領先。

七、成為全球公民：我們在每個設立營運據點的國家與地區，都能盡到社會責任，成為貢獻經濟、智慧，以及社會價值的一分子。

這些就是惠普公司作為一個「永續經營企業」所追求的目標。

華人企業追求什麼？

相較於歐美企業，大部分海峽兩岸華人企業追求的是：

一、以「營收」為衡量的成長：這樣的目標，很容易導致低價搶單、降低成本、搶市占率、規模優勢等無差異化、無價值創造的策略。再加上網際網路、大數據、資本運作的泡沫，企業爭相「燒別人的錢」，搶流量、爭市占、求壟斷，加速產業進入紅海、企業踏入衰退滅亡。

二、以「估值」、「市值」衡量的獲利：「Ｂ２Ｂ」（對企業）或「Ｂ２Ｃ」（對顧客）

的傳統生意模式變成了「國王的新衣」，骨子裡裝的其實是「B2G」（賺政府的錢）或是「B2VC」（燒創投的錢，VC即venture capital）的目的。「將本求利」的商道，已經被「股份利得」所取代，而泡沫的風險，則透過擊鼓傳花的方式轉移給下家。

三、**市場和技術的領先，成為騙取融資的工具**：大量的資金轉移到金融和地產，形成披著「高科技」外衣向銀行貸款、向政府要地、炒作資本和地產之實的怪圈。至於「客戶」、「員工」、「管理」和「社會責任」，大都被束之高閣，成為即取即用、用後即丟的消費手段。

目標驅動vs.行為驅動

海峽兩岸大部分創業成功的老闆們，在創業之初也都有理想和目標，但在面臨血淋淋的競爭、掙扎於生存之際，免不了會採取取巧的辦法。久而久之，就形成了短視和扭曲的目標。不幸的是，這種取巧的辦法往往有效，短暫的「成功」變成最壞的導師，引導著創業老闆們不斷重複這些取巧行為，在企業內上行下效，終於固化成企業文化。

在我的職業生涯中，有幸認識了海峽兩岸許多成功的創業老闆們，在深入地觀察和瞭解之後，我發現他們每年的目標、管理、決策和行為，幾乎都沒有什麼改變。不論他們創立的企業遭遇了瓶頸、陷入了停頓，或是持續在成長，他們的領導和管理模式已經是一成不變，從創業初期的「目標驅動」，變成了「行為驅動」，也就是淪為他們自己「習慣行為」的奴隸，而自己卻渾然不知。

從人治到法治

東方企業受到東方文化的影響極大，很容易形成「人治」，也就是一切「老闆說了算」。只要是人，就很容易成為「成功行為」的奴隸。如果「取巧」經常有效，幫助企業達到階段性的目標，取巧就會形成企業文化的一部分。

在西方企業中，大部分只需要強調價值觀、企業目標、行為準則及企業文化等比較宏觀、綱領性的論述就夠了。但是，東方企業縱使也有這種論述，卻往往淪為口號、流於形式，無法形成有效的文化。

因此，「華為基本法」全文共有六章、一百零三條、一萬六千四百字，除了包含宏觀的使命、價值觀、目標，也包含了大量的人資、品質、預算、成本、業務、審計等管理規章制度。

華為的基本法，起草、定稿於華為的高速成長期之初。任正非深切瞭解，創業階段主要靠「人治」，在生存空間受到環境的影響之下，創業家必須抓住機會野蠻生長。但是，企業要求永續經營，必須要脫離「人治」、進入「法治」。企業家必須能夠拒絕誘惑，避免各種方便和取巧的手段。因此，一部如同國家憲法一般的企業基本法，對於剛進入高速成長期的公司尤其重要。

總結

為什麼進入成長期的華人企業，格外需要立法呢？

西方社會的穩定，是建立在「人人平等」的架構下；而東方社會的穩定，卻是建立在「不平等」的組織架構上。不平等的組織架構，就賦予了上層極大的權力，形成了「人治」的基礎。在西方社會講法、理、情，一切依法行事。而東方社會講的則是情、理、法。在人治的組織架構裡，人情世故、人際關係就特別重要，因此方便、取巧就變成了理所當然的手法。

任正非認識到了這一點，於是立了「華為基本法」，為的就是：

一、告別野蠻生長，轉向永續經營；

二、告別人情關係，轉向企業文化；

三、告別人治，轉向法治。

由於華為的成功經驗，「企業基本法」自二〇〇〇年開始在中國大陸流行起來，協助企業建立基本法的顧問公司也如雨後春筍般冒了出來，許多大陸企業也爭相引進這個做法。

但是，後來中國大陸製造業的「紅色供應鏈」崛起，紛紛取代台灣製造業，行動網路、共享經濟、數位時代的來臨，提供了無數商機，野蠻生長又成為主流的情況下，「企業基本法」也流於形式了。即使是華為本身，也面臨著世代交替的價值觀改變、中美貿易戰的政治環境惡化，再加上任正非個人避免不了「廉頗老矣，尚能飯否」的現實，「華為基本法」還能夠引領華為達到永續經營的目的嗎？

企業要想永續經營，就必須有方向、有目標。但是，是誰讓企業迷失了方向？失去了目標？

15 為什麼企業離職率高？為什麼二代不想接班？

員工離職率高，甚至二代不願接班，有時候並不是因為表面上的理由，而是因三種無法克服的累：生理的、心理的，以及情緒上的。如果企業主無法看穿自己公司的問題、創造出「令人不累」的環境，就可能成為自己最大的敵人。

在前文〈留下來，還是往前走？職業生涯何去何從？〉中，我是從員工的角度談到離職時應該考慮的因素。其後的幾篇文章，就都是寫給企業老闆看的，我要強調的是：**企業最大的敵人不是競爭對手，而是老闆自己。**

從新創公司時的「務虛、不務實」，到成熟期堅持「過時的理想」。不相信內部的人才，執著於「外來的和尚會念經」。企業主霸凌和羞辱員工，導致企業無法轉型與創新。習慣投機取巧，讓企業患上「巨嬰症」，最終喪失競爭力。採用人治不用法治，迷失方向、失去創業的初心，成為習慣行為的奴隸。

以上的現象，都直接或間接導致了員工的高離職率，以及二代拒絕接班的結果。可是早就高高在上、不接地氣*的成功創業老闆們，卻往往無法釐清頭緒、看到問題的根源，當然也就拿不出具體的解決辦法來扭轉情勢。

為什麼員工要離職？

就如同惠普公司的創辦人之一惠利特說過的話：「每一個員工離開惠普的原因都不盡相同，我們也無法留住所有的員工。但是我們一定要做到，即使員工離開了惠普，仍然認為惠普是最優秀的公司。」如果員工離職時心中無怨無憾，那麼我們管理階層就可以說是做到了惠利特要求的境界。

可是許多海峽兩岸的華人大企業，對於員工離職卻採取了毛澤東說的：「天要下雨，娘要嫁人，由他去吧」的態度。採取這種態度的大企業老闆們，通常都是把員工視為成就他們功業的工具，折舊過後就可拋棄不用。如果工具不見了，再找就是了。

* 編注：「接地氣」原為大陸流行語。「地氣」原指「大地之氣」，例如《禮記．月令》中有「天氣下降，地氣上騰，天地和同，草木萌動。」當天與地的「氣」調和，草木開始發芽、生長。以直觀來理解，「接地氣」是指緊靠、接觸地面才能接收到大地之氣，後來衍生有諸如「親近、深入基層」、「貼近現實」之意。

東西方文化的差異

在處理員工離職問題所採取的態度上，也可以看出東西方文化的差異。西方文化建立在「人人平等」的基礎上，大部分企業都奉行「以人為本」的價值觀，基層員工對企業的重要性，和金字塔中高層的管理階級一樣重要。東方文化則建立在「不平等」的階級架構上，企業穩定運作依靠的是「服從權力」，在組織金字塔不同高度上的人，代表著不同的重要性。

在西方企業，高層離職通常有兩個原因：其一是因為「當責」（accountability），其二則是因為失去「自主權」而離開。

東方企業的高層相對比較穩定，尤其是傳統產業，通常最高層都會形成一個「小圈子」，工作、生活、家庭，上班、下班都在一起，宛如一個利益共同體，外人很難打入這種小圈子裡面。東方企業的老闆通常不會主動開除小圈子裡的高層，因為信任與默契建立不易。而高層也鮮少主動離職，因為「媳婦熬成婆」的過程可是千辛萬苦，怎麼可以輕易放棄？

員工的三累

當中低層員工離職的時候，通常他們會告訴部門主管是「另有高就」、「個人生涯規劃」、「家庭因素」等原因。在深入追問之下，可以發現八、九成的離職員工，都是因為與部門主管相處不好，才會決定離開。

如同揭開補釘一樣，必須鍥而不捨，一層一層往下挖。在繼續搏感情、表關心的氣氛下，離職員工和朋友們才會敞開心胸、打開話題，訴說他們身心俱疲、決定離開的真正原因。

生理上的累

旺季來臨時，工作壓力大，免不了要加班，但公司經常安排下班之後，或是週末時間舉辦培訓、召開會議，而且大部分都是臨時起意。客戶也經常在下班前交代工作、要求資料報告，第二天上班時就要，更常在週五下班前突然要資料和報告，下週一上班時就要。

更糟的是，公司加班已經成為一種文化。績效結果不重要，工作時間長、經常加班才是王道。逼得員工下班不敢離開，週末不敢安排活動，身心俱疲，沒有家庭生活。

超時工作影響到休閒和家庭生活，就造成了員工「生理上的累」。經年累月的生理過勞，就成了離職的主要原因。

心理上的累

從小處看，在大企業裡分工越來越細、工作越來越無聊，日復一日重複單調、持續、沒有成就感的工作。績效越好，負擔越重，做得越好，升遷越無望，宛如自我囚禁於知識和經驗的黑洞之中。

從宏觀角度看，尤其在傳統產業和製造業，季節性的循環越來越僵化，如同農業時代的春耕夏種、秋收冬藏，卻沒有融入天地四季的農家樂。全年總是在招工、效率、良率、出貨、裁員、清庫存、延長應付款、追貨款等的循環輪迴中燃燒生命。

這種大企業中的小螺絲釘，沒有學習、沒有創意，遙望職涯前程，茫茫然不知所終，形成了「心理上的累」。

情緒上的累

在工作場所中，生理和心理上的累有時免不了，如果有個充滿關懷與快樂的工作環境，就可以為員工打打氣、提高抗壓能力。上班是可以很快樂的。在美國矽谷的高科技公司工作，生理和心理的壓力並不比製造業小，因此公司都努力打造一個快樂的工作環境，讓員工能夠感到舒適、輕鬆，宛如在家中工作。

在我接觸過許多海峽兩岸的大企業之後，我發現多數員工是不快樂的。如果比較物質條件和環境，一定比不上美國矽谷的高科技公司。但員工不快樂的原因並非物質條件差，而是公司的文化與氛圍。東方文化使得企業慣用教導與羞辱的管理模式，加上鼓勵內部競爭、幫派文化、山頭主義，除了資源內耗之外，人與人之間的信任降低、背後放話、互相插刀，甚至公開場合互相言語衝突。

這種企業文化使得員工產生「情緒上的累」，其破壞力遠勝於「生理上的累」和「心理上的累」。

結論

「生理上的累」是工作時間造成的；「心理上的累」是工作內容造成的；「情緒上的累」則是人與人之間互相給予的。這三累長期積壓下來，就是員工離職的主要原因。

企業老闆們對於員工的工作時間要求，必須要從「量」改變成「質」，不能再有「沒有功勞，也有苦勞」的思維，更不能以「苦勞」多寡來決定員工的績效。

老闆們也必須學習高科技、與時俱進，提供員工學習的環境、新的工具，接受員工的創意，達到提升員工技能、改善工作內容、公司成長的三贏局面。

老闆們更需要瞭解，客戶的滿意度往往是由「成本最低的因素」決定的。例如航空公司，決定客戶滿意度的前三個因素分別是：空服員的服務態度、飛機餐的品質、空中娛樂的內容，而不是高成本的飛機、航線、班次。例如高檔餐廳，決定客戶滿意度的前三個因素分別是：外場的服務、出餐的速度、食材的品質，而不是高成本的房租、裝潢、餐具。因此，我經常強調「客戶的滿意度取決於員工處理客戶問題的態度與速度」、「沒有快樂的員工就不會有滿意的客戶」。

解決員工的三累，降低離職率、提高向心力、提升客戶滿意度，讓企業得以發展壯大，何樂而不為呢？

16 主動出擊、化守為攻，把裁員變成下一個機會

在〈留下來，還是往前走？職業生涯何去何從？〉和〈為什麼企業離職率高？為什麼二代不想接班？〉兩篇文章中，我從員工的角度談了「離職」這件事情，這篇文章就來談談在就業路上或許會碰到的另外一種情況：裁員。舉例來說，惠普在二〇一八年六月宣布，將在二〇一九會計年度結束前裁減四千五百至五千名員工，約占員工總數的一〇%。

一九九二年底，我趁著去美國矽谷惠普總部開會，順便前往在美國矽谷創業的台灣人所成立的「玉山科技協會」拜訪，並且做了一場演講，為會員們介紹中國大陸的市場情況。在演講完之後的聚餐中，我與主辦單位閒聊，並且問了一個問題：「玉山科技協會如何招收會員？如何擴大組織？」主辦單位的回覆，完全出我意料之外，甚至令我腦洞大開。*

* 編注：「腦洞大開」原是大陸的網路流行語，意指令人大開眼界，到了超乎想像、瞠目結舌、匪夷所思的地步。

裁員：「立竿見影」的手段

當美國經濟不景氣，或是某些大企業的財務表現不理想時，最常見的解決辦法就是裁員。雖然裁員時必須付出一筆可觀的遣散費，但後續節省下來的費用卻相當可觀，足以協助企業渡過難關。這也印證了「人是最主要的費用來源」（people is the major cost driver）的說法。在我服務過的美商公司中，在計算一個人的使用成本時，通常會以將全年薪酬乘以二．五到三倍的方式來計算。

對於短期內改善獲利，「節流」永遠比「開源」來得有效，所以無論東西方企業，都將裁員當作「方便法門」，以便立竿見影。這種現象反映出了幾個事實：

一、組織是個有機體，稍不注意就會迅速長大，造成冗員充斥。

二、部門主管習慣當好人，沒有財務概念、不負財務責任，放任組織擴充。

三、對在組織中擔任管理職的經理人而言，職務權力（job scope）與部門人數掛勾，使得主管必須僱用更多員工，才能夠讓身價水漲船高。

四、高層的策略錯誤，造成的後果由基層員工來承擔。

早期「不裁員」的惠普

一九八〇年代我在惠普台灣工作時，也經歷過經濟不景氣的年代。當時惠普公司秉持著「不裁員」的經營原則，採取基層員工減薪五％、高層主管減薪一〇％的做法，來渡過財務難關。

惠普認為，經濟大環境難免起起伏伏，遇到了低谷要想辦法渡過，但是低谷之後，迎來的一定是復甦的高峰。如果在經濟低谷時採取裁員的手段，那麼面對隨後而來的成長高峰，又得去引進大批的人才。在這種人員巨幅變動的時候，包括遣散費、員工士氣、招聘費用、培訓費用、生產力的損失、效率的降低等，都造成了巨大的隱形成本。更糟糕的是，當面對景氣恢復所帶來的商機時，往往因為人員和資源的不足，無法滿足客戶的需求，進而失去了成長的機會。

因此，惠普在得到員工的共識與支持之後，決定採取全員減薪、共渡難關的做法，來取代一般企業慣用的裁員措施。可惜的是，隨著公司幾次的分拆，這個優良的惠普傳統已經不復存在了。

返校念書、韜光養晦

每當經濟不景氣、大企業裁員時，不能公開的潛規則就是：母語不是英語的、溝通比較困難的、學歷高的、薪酬高的員工，很容易就會成為裁員對象。

早期到美國留學的台灣人，大多符合這些裁員的條件，於是大批的美籍台裔就面臨了中年失業的危機。這些留學生經歷過台灣苦難成長的年代，背負著全家人的期望來到美國讀書、工作、定居，一般都是非常刻苦耐勞、非常節儉地過日子。在被裁員又找不到工作的情況下，稍有積蓄的就乾脆再回學校多念個學位，再增加一點專業。企管碩士當然是首選，此外，也有多修一些其他碩、博士學位的。

我認識一位朋友，擁有兩個博士和三個碩士學位，都是在這種「被離職」和「裁員」的情況下，有時帶職進修、有時全職念書而完成的。在談到他與旁人不同的學經歷時，他往往歸咎於求職不順或命運不好，才會經常碰到這種狀況。殊不知，**當他的學位讀得越多、學歷越高的時候，反而成了經常被裁員的對象。**

逼上梁山、艱苦創業

被裁員之後，如果不想再回到學校念書，又找不到工作，怎麼辦呢？於是許多美籍台裔只好被迫自己創業。

由於平日有點積蓄，大部分又都是從事研發工作，有一些技術底子，所以他們在高科技領域比較容易創業。這些被「逼上梁山」的創業家，就紛紛加入了矽谷的玉山科技協會，以瞭解市場情況、拓展人脈、學習創業經驗、尋找合作夥伴和各種商機。

於是形成了一個怪現象：經濟越不景氣時，玉山科技協會的會員數增加得越快。

如何降低裁員的衝擊？

中年失業是非常悲慘的情況，尤其是過了五十歲之後，要找工作十分困難。我曾經為幾位五十多歲的朋友介紹工作，都以失敗收場。

在台灣經濟不景氣的今天，企業裁員時有所聞，雖說員工的命運往往不能操之在己，但是只要平日有準備，還是能夠把衝擊降到最低。

攻擊是最好的防守

當企業陷入財務危機時，與其被無預警地裁員，不如在事發前努力工作，爭取自己不被列入裁員的名單上。也就是說：面對裁員，主動攻擊就是最好的防守。

通常裁員的優先次序排列如下（有可能依個別狀況而改變）：

一、派遣人員或約聘人員；
二、績效考核排名在末段；
三、所屬部門績效不佳；
四、職能或行政部門；
五、中階主管；
六、正在留職停薪或請長假的人；
七、派駐海外的人；
八、薪資高的人。

而擔任以下職能，或是具有這些經驗的，比較不會被列入裁員名單：

一、能開疆闢土、攻城掠地的人；
二、能創新變革的人；
三、能轉型升級的人。

另外一個重點，就是要和部門主管、高階主管保持良好關係，因為名單的審核大權就在這些人手上。

未雨綢繆

除了以上的重點，就業者還可以採取以下措施，把裁員的衝擊降到最低。

一、瞭解產業、企業的表現：如果有機會轉換跑道，要知道哪個產業、哪幾家企業應該是首選。

二、爬出黑洞、安裝天線、延伸觸角：許多就業者平時埋首於工作之中，對於新的科技、趨勢、產業的變化漠不關心，總以為天下太平，裁員的事不會發生在自己的身上。然而一旦被裁員，就立刻手足無措。因此，平時就要從知識和科技的黑洞爬出來，廣建人脈，如同天線般接收新訊息，並且把觸角延伸至相關的產業鏈上下游。

三、透過社群建立個人品牌：在社群網路高度連結的今天，以學習、分享為目標加入社群，透過參加論壇、座談會、演講分享，除了增加能見度之外，也建立個人品牌、樹立專業形象。這些做法都會對個人價值產生積極提升的作用。

四、不要拒絕獵頭公司的接觸：加入領英，結識人力資源顧問和獵頭公司，將個人學經歷資料投放在各種公開的人才資料庫裡，抱著「不成也無妨」（nothing to lose）的心態，與主動前來接觸的獵頭公司碰面，瞭解產業動態和市場行情。

五、斜槓化：職涯之路要越走越寬廣，不要越走越窄，要勇於接受跨領域、跨專業的挑戰與任務。每完成一樣工作，就多了一條斜槓，機會就越來越多，路就越走越寬廣。

結論

要創業或就業？這是一個很難回答的問題。

條條大路通羅馬，一個成功的人，不管選擇哪一條路都會殊途同歸。如果選擇了就業，走專業經理人的路，就難免會碰上主動離職或被裁員的情況。平常做好應變的準備，即使真的碰到裁員，也可以將對自己職業生涯的衝擊降到最低，甚至還可以藉機衝破逆境，使自己更加強大。

不抱怨、不氣餒，以正面的心態接受裁員的結果，或許這正是人生逆轉勝的轉折點。

17 從職涯第一天到最後一天的自省：「我今天賺到自己的薪水了沒？」

我教導我的屬下，每天晚上問自己：「我今天賺到自己的薪水了沒？」。無論是薪水、能力，或是同事的尊敬和老闆的器重，都必須是你要自己努力去「贏得」的。如果初入職場的年輕人有這種心態，所有老闆都會搶著僱用你——這是一堂價值千萬的課！

在前面〈自己爬上巨人的肩膀：踏入職場的艱辛旅程〉一文中，我在「給初入職場年輕人的幾句話」這一節裡說到：學校畢業後，找到人生的第一份工作時，應該一則以喜、一則以憂。喜的是，在學校念書時，你要付學費去學習；但從就業開始，是公司付錢給你去學習。憂的是，不管在學校念書時，你的成績有多好，進入職場之後，學校成績和學歷就歸零，再也沒有用了。

這幾句話的用意是希望給初入職場的年輕人一個正確的心態：**要懷抱著「感恩的心」，在職場中繼續不斷學習**。

我在過去的職涯中，看到太多優秀的年輕人在跨入職場的第一步之後，心態就變了。他們以「賺錢」為前提，把工作當成是一種「付出」，而不是「學習」，因此斤斤計較，沒有賺錢就不願意付出，反而造成對自己最大的傷害。因為他們往往從此就不再學習了。

幸與不幸，往往是一體的兩面。我在〈人生的輸贏，在於自我的價值與實現〉這篇文章裡有詳細的解說，收錄在《每個人都可以成功》一書裡。

我自己的人生第一份工作做了兩年半，起薪非常低，請看《創客創業導師程天縱的專業力》中〈我邁入經理人生涯的第一步〉一文，這裡就不再贅述了。後來進了惠普台灣，我的薪水幾乎翻了一倍，雖然跟同樣資歷的同事比仍然偏低，但是我已經非常感恩了。

進入惠普之後，不僅薪資大幅增加、工作環境改善、同事之間互相扶持，還有系統化的培訓課程，包含去美國的各個產品工廠受訓。對於這些，我除了感恩、學習之外，心中始終誠惶誠恐，就怕做不好，會失去這麼好的工作和學習機會。

因此，在每天晚上入睡之前，我會問我自己一句話：「**我今天賺到自己的薪水了沒？**」從一九七九年進入惠普台灣的第一天開始，一直到二〇一二年退休的那一天為止，我每天晚上都會重複問自己這句話，成為一個習慣。

英文裡的賺與賠

有賺就有賠。如果把工作當成謀生工具，那麼付出時間和勞動，自然應該要收到錢，而賺到錢的同時，就付出（或是賠上）了時間和勞動。

聖經馬太福音第十六章二十六節中說：「人若賺得全世界，賠上自己的生命，有什麼益處呢？人還能拿什麼換生命呢？」英文的原文是這樣：For what is a man profited, if he shall gain the whole world, and lose his own soul? or what shall a man give in exchange for his soul?

在這段聖經文字中，賺的英文原文是gain，而賠則是lose。gain在英文的解釋是：透過個人的努力，來贏得或獲得某些「原來沒有」的東西（win something through one's efforts）。而lose的解釋則是：失去了「原來擁有」的東西（fail to keep or to maintain; cease to have, either physically or in an abstract sense）。

中文裡的賺與賠

但是在中文的賺與賠之間，卻和英文的意思不太相同，在層次上更有三種不同的境界：

一、交換：如果是為謀生而賺錢，那麼這就是一種交換，付出時間和勞動，換來金錢的酬勞。

二、撿便宜：不論是國語講還是台語講，「賺到了！」總是帶有撿到便宜的意思。這種撿到便宜的「賺」，就是沒有成本、沒有預期，但是得到了。

三、投資或投機：就如同「做生意」或是「買股票」，投入的是「本錢」，希望得到的是「獲利」。投入和獲得的都一樣是「錢」，那麼就有可能會「賠錢」。

至於投資和投機的差別，則在於「對獲利的期望」。如果投入一百元，希望得到每年幾十元的報酬，這就是投資。如果希望得到每年幾百元的報酬，那就是投機。期望值的不同，也就是心態上的不同，會影響到做法的不同。

上班族賺了薪資，賠了什麼？

如果是「交換」的層次，賠上的是時間與勞動。中國大陸的網路公司鼓勵員工要採納「九九六」工作制，員工未來才有希望，才能財務自由。所謂九九六工作制，就是早上九點上班、晚上九點下班，一週六天。增加了工作時間，自然減少了家庭和生活的時間；增加了勞動力和勞動強度，自然會有健康的隱憂，甚至過勞死的危機。

其次是「撿便宜」的層次。許多上班族年輕人之所以擁有這種心態，大多是認為在沒有投入、沒有預期的情況下，當然也就不會有「賠」的情況發生。事實上，不投入、不期望，也會有「賠」的情況發生，損失的就是「機會成本」(opportunity cost)。年輕時光不會再來過，許多蹉跎了時光的上班族，只會抱怨一生沒有碰上好的機會，其實是他們不願意去創造和抓住機會。

最後談到「投資」或「投機」的層次。這種賺錢心態比較適合創業者或投資者，用在就業者身上，則有不同的意義。就業者投入的是學習，獲得的是能力。學習和能力是不同的東西，難以量化來計算投資報酬率。但是能力卻是決定就業者在企業內「玻璃天花板」高度的重要關鍵。玻璃天花板的高度，又和就業者的薪資所得呈現迅速成長的指數(exponential)關係，如圖17-1。

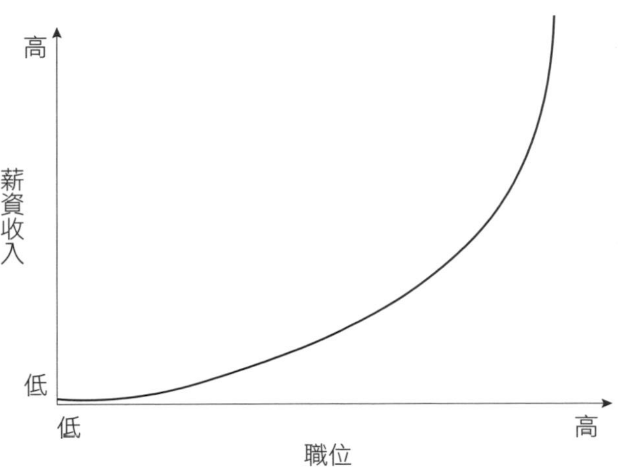

圖17-1：就業者職位vs.所得

本篇文章開頭提到，就學的時候，要自己付錢到學校去學習，就業以後是公司付錢請你學習。因此，就業者的學習成本是零，但在未來的職業生涯中，得到的能力卻是可以變現的。

初入職場的心態

我在年輕時並不瞭解這些道理，初入職場的道路走得非常辛苦，但這也造就了我感恩惜福的心態，時時害怕失去眼前的工作和學習機會。或許是「窮人的孩子早當家」，出身困頓反而使他們懂得負擔責任，於是培養出感恩惜福的心態和習慣。

因此，每天晚上睡覺前，我都會反思、覆盤、*檢討，在心裡跟自己對話：「我今天賺到我的薪水了沒？」我真正的用意是在問自己：「我有沒有盡了我的責任？我對得起這份薪水嗎？」如果我的答案是「Yes!」，那我不僅為付我薪水的公司盡了責任，也為我自己個人「能力和價值」的存摺又存進了一筆。

老闆是最好的裁判

每個人的心中都有一把尺。我在過去幾十年的專業經理人生涯中，我的老闆是否認可我的能力和貢獻，端看我所服務的企業的價值觀而定。很幸運地，曾經擔任過我的老闆的人，不論老中或老外，大都對我的貢獻表示認可。

如果跟老闆的價值觀不同，彼此所希望得到的就不同，那麼在老闆的心目中，我的付出與貢獻就不值得那份薪水，沒有那個價值。這個時候，自己必須當機立斷，離開這個不同價值觀的老闆和企業。

我這樣教育屬下

在我職涯的後段，我領悟到「年輕人不能夠『將一切視為理所當然』（take everything for granted）」的道理。如果以交換的心態來工作，損失最大的是自己。因此，我教導我的屬下，每天晚上問自己：「我今天賺到我的薪水了沒？」（Did I earn my salary for today?）各位或許會注意到，「賺」在英文句子中，我用的是earn，就像別人對你的尊敬，是你要努力去「贏得」的（earn somebody's respect）。

＊編注：「覆盤」是圍棋術語，指對奕結束後，雙方將對奕過程的所有落子，按照順序，逐步重複擺一次，並互相討論、探究內容，以精進棋藝。

如果初入職場的年輕人能有這種心態，所有的老闆都會搶著僱用你。這是一堂價值千萬的課！

結論

或許有些朋友看完這篇文章以後，會認為我是在替台灣的「慣老闆」們說好話。平心而論，如果認為工作只是一種交換，公司付多少錢，我就出多少力，那麼損失最大的其實就是我自己。而且別忘了，或許有一天，你會自己創業當老闆也說不定。

Part 3

績效考核與管理

18 績效考核之一：KPI，還是OKR？

近年來有許多文章討論「關鍵績效指標」(key performance indicator，下稱KPI)究竟是良方還是毒藥，或是尋找替代KPI的工具，而「目標與關鍵成果」(objectives and key results，下稱OKR)則是最常被提到的另一種管理方式。有些人相信，KPI和OKR並沒有孰優孰劣，重點在於如何分別運用，但我懷疑這種說法的正確性和可行性。

不管你是創業或就業，每年都要煩惱一次的事情就是績效考核。不管是考核別人或者被考核，總要花很多時間去準備和執行。然而，考核的結果總是不盡人意。

坊間有許多聚焦在績效管理或績效考核的管理書籍，每次我閱讀這些管理書籍時就頭痛萬分。因為我往往必須花許多精神仔細瞭解每個字、每句話、每個段落之間的關係，而且這些理論還夾雜著許多學術性的專有名詞，不僅讓我無法聚焦思考，甚至還會讀到昏昏欲睡。

我在輔導新創團隊的時候，也有許多團隊提出關於如何管理績效、如何做績效考核的問題，我總是告訴他們，不要鑽牛角尖，不要自找麻煩。創業初期，團隊要找的成員應該是「不需要管理」的人，新創公司要找的，是由內部動機來驅動、能夠自主獨立工作的成員。

但是，隨著輔導對象的多元化，我也開始輔導中小型企業和中大型傳統產業，因此，對於績效管理和績效考核的問題，就沒有辦法迴避了。

索尼的故事

前陣子，索尼公司（Sony，舊稱「新力」）前任常務董事天外伺朗（編按：此為筆名，本名為土井利忠）所撰寫的〈績效主義毀滅索尼〉一文，*曾經在網路上流傳一時。他在文中指出，索尼公司過去的成就，應當歸功於他稱之為「激情集團」的企業文化，所謂「激情集團」指的是企業中那些不知疲倦、全身心投入開發的團隊成員。

自一九九五年開始，索尼公司開始實行績效主義，制訂詳細的考核標準，根據每個人的考核結果來決定報酬。除了以各種ＫＰＩ詳細制訂各項評核標準之外，更進一步成立了專責部門，對個人進行績效考核，以確定各部門與個人在公司中的價值。

* 編注：讀者可上網搜尋「績效主義毀滅索尼」，或參考下文：http://www.asia-learning.com/km/kmdoc/277219429/h/。

為了準確衡量工作績效，索尼開始耗費大量的時間與精力，將工作項目量化、數字化，但也使得簡單的工作變得複雜。在結果導向的評核制度下，一些細緻及紮實的工作開始被忽略，短期內無法展現績效的工作變得沒人想做。所以，天外伺朗如此寫道：「因為實行績效主義，使得追求眼前利益的風氣在公司蔓延開來。」

天外伺朗認為，績效主義讓業務成果和金錢報酬直接掛勾，員工為了得到更多報酬而更加努力工作。但外在的動機增強之後，卻相對減弱了內在自發性的動機，抑制了「以工作為樂趣」的內在意識。實施績效主義，讓員工逐漸失去對工作發自內心的熱情，而更大的弊病則是破壞了公司的氣氛與員工的內部團結，讓「激情集團」逐漸消失、成為歷史。隨之而來的，是一連串重大的失誤及鉅額賠償事件。

KPI，或是OKR？

近年來，網路上有許多文章在談KPI，以及KPI對企業經營究竟是良方還是毒藥，也有人開始呼籲，要找到替代KPI的管理工具。

而OKR則是最常被提到的另一種管理方式。在《OKR：源自於英特爾和谷歌的目標管理利器》這本書當中，*提供了KPI與OKR比較容易理解的定義。

KPI

KPI是將企業的策略目標，細分拆解為各級部門可操作的工作目標，並以此為基礎，明確落實到各級部門人員的業績衡量指標。

KPI的使用目的，是以企業的「策略」和「控制」為中心。公司策略目標是長期的、指導性的、概括性的，而各職位的KPI項目繁多，且針對職位而設置，主要著眼於考核當年的工作績效。

KPI在可控部分具有可衡量性，而使用KPI也將更有效地控制個人行為。在本質上，KPI的目的是確保企業層面的目標，能夠分解落實到每個員工身上，同時也是一種工具，能對每個員工的目標完成的狀況，進行明確的考核。

KPI的缺點在於抑制了員工的創造力，與員工績效評估的高度關聯性，也可能引發偏差取巧的行為，甚至扭曲了公司的長期目標。

＊ 編注：此為簡體中文版之書名，由大陸的機械工業出版社發行。原文書名為*Objectives and Key Results: Driving Focus, Alignment, and Engagement with OKRs*，繁體中文版為《執行OKR，帶出強團隊》，由采實文化發行。

ＯＫＲ

ＯＫＲ是透過設定目標與關鍵成果，來回答「我們想去哪裡」、「如何透過調整我們正在做的事，來確保前進的方向正確」兩個最根本的問題。

英特爾（Intel）前總裁安迪・葛洛夫（Andy Grove）根據「目標管理」（management by objectives, MBO）的精神，發展出這個在英特爾實行的績效架構，之後被約翰・杜爾（John Doerr）引進Google，在這家當時只有幾十個人的小公司使用。後來隨著甲骨文（Oracle）、領英、推特等高科技公司紛紛採用，ＯＫＲ逐步流傳開來。現在則被ＩＴ、創投、遊戲、創意等處於快速成長或轉型期的企業廣泛採用。

ＯＫＲ與ＫＰＩ的核心差異，在於ＯＫＲ不是以考核為導向，而只是一個引導工具。它的主要目的在於提醒所有人從企業的策略角度，來觀察自己當前最重要的任務是什麼。

由於ＯＫＲ把「目標管理」和「員工績效考核」分開，因而可以確保員工不會因為考慮到自身績效達標與否，使得日常工作受到侷限，進而願意挑戰更高的目標。

「人」的績效系統

因此有些人相信，KPI和OKR之間或許並沒有孰優孰劣，或彼此替代的關係，重點在於企業如何分別運用。同時，他們也認為KPI仍然可以擔任類似「儀表板」的角色，呈現組織經營當時的狀態，而OKR則可以用來引導組織成員，進行對組織策略目標有效益的行動。

但是，我懷疑上述這種說法的正確性和可行性。

最近人工智慧和機器學習大為流行，而就在大家關注電腦如何勝過人腦的時候，反而忽略了「人」本身就是一種可以透過學習來改變行為和績效的「系統」。

當企業大量投資在人工智慧和機器學習上，反而可能降低了在員工身上的投資。或許有一天，科技會進步到人工智慧取代人的地步，但在那一天到來之前，企業還是要依靠員工。因為：**誰知道企業能不能活到那一天呢**？

所以，我們還是務實地來看一看「人」的績效系統，如圖18-1。

企業擁有的資源包含工具／設備、自然資源、人力資源、資本、資訊等。而企業員工擁有技能、能力、知識、態度，但也不可避免地有著本性、弱點以及種種個性上的問題。

企業提供了資源給員工，就產生了「成果」（response），成果則包含了行為與績效。

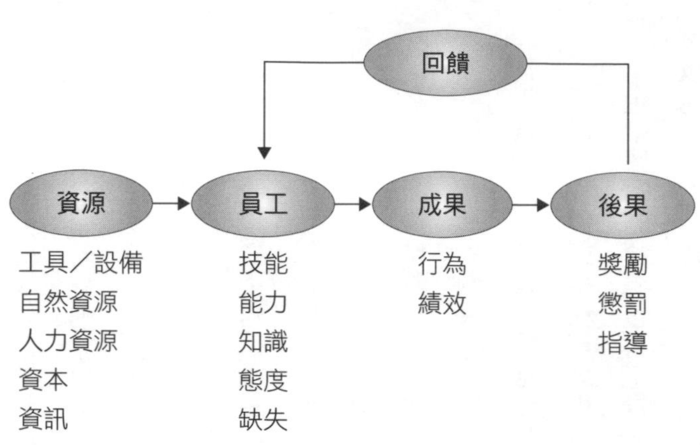

圖 18-1：人的績效系統

如果企業對於員工的成果不予以考核評估，並給予包含獎勵、懲處、指導等相對應的「後果」（consequence），那麼這個績效系統只有三個步驟，沒有辦法形成一個閉環回饋系統（close loop feedback system）。只有「後果」才能夠回饋給員工，然後藉以調整行為、改善績效。

員工的行為與績效必須和後果相結合，而且必須是公平、公正的，才能夠讓員工心服口服。因此，事前訂定明確、可衡量的目標，事後給予公平、公正的考核，才能夠給予員工合情合理的後果。在這樣的績效系統中，我看不出怎麼樣可以將目標（OKR）和考核（KPI）區分開來。

歷史永遠在重複

我的第一本書《創客創業導師程天縱的經營

學》裡面有一篇〈從「大歷史觀」看企業管理的思維與藥方〉，提到西方企業管理思維的演進過程，請讀者們參考閱讀。

惠普公司在一九四〇年代開始實施的「目標管理」，搭配「走動式管理」（management by wandering around, MBWA）與「門戶開放政策」（open door policy），成為矽谷科技公司學習的對象。「目標管理」一詞由彼得・杜拉克（Peter Drucker）於一九五四年在《管理的實務》（*The Practice of Management*）一書中所提出，從此蔚為風潮。

之後則有「全面品質管理」（total quality management, TQM）、「價值鏈」（value chain）等觀念。一九九二年則由哈佛商學院（Harvard Business School）的柯普朗（Robert Kaplan）與諾朗諾頓研究所（Nolan Norton Institute）所長諾頓（David Norton）提出了「平衡計分卡」（Balanced ScoreCard, BSC）的概念。

平衡計分卡系統是一種策略管理工具，分為財務、顧客、內部流程、學習與成長四個層面，以均衡評估組織的績效，並連結目的、評量、目標及行動，以轉化成可執行的方案。柯普朗和諾頓至今已發表了包括《平衡計分卡》（*The Balanced Scorecard*）、《策略核心組織》（*The Strategy-Focused Organization*）、《策略地圖》（*Strategy Maps*）及《策略校準》（*Alignment*）等四本專業書籍。

但坦白說，企業管理或績效考核走到了這個地步，實在是複雜到令人不敢再去創業了。

管理的理論與方法，應該要看企業正在生命週期的哪個階段，然後採取最適合的來用，而商學院或企管教授們的研究，都聚集在金字塔頂端的跨國大企業，因此理論和模型才會越搞越複雜。企業管理和績效考核到了「平衡計分卡」階段，竟然可以寫出四本書，這複雜到令人不禁懷疑，最後要怎麼結尾？

績效管理和績效考核從「目標管理」開始，順著「節外生枝」的模式，一路蔓延到「平衡計分卡」。從「大歷史觀」的角度來看，結局不外乎兩種：一種就是「另起爐灶」，因此誕生了「企業再造」（reengineering）的理論，利用最新的網路科技把傳統的商業和管理模式打掉、再造。另外一種結局就是「歷史不斷重複，然後再回到原點」，也就是「目標管理」，但專家們給了它一個非常性感而且學術味比較濃的新名詞，就叫做ＯＫＲ。

結論

對於正在創業或想要創業的讀者們，我一再強調，在新創階段不需要管理，創業家寶貴的時間和資源應該要用在新創公司的策略和定位上。

中小企業的老闆、主管、員工們，請不要把績效管理和績效考核做得太複雜，因為越簡單的東西越不會出錯。

至於大企業的經營層，與其把大量資源投資在遙不可及的人工智慧上面，還不如投資在員工身上。

今天的專家們，都還在摸索人工智慧和機器學習系統，但是「人的績效系統」自古以來就沒有改變過。作為企業的經營者，都應該知道：提供員工足夠的資源、加強員工的學習、讓員工成功，才是企業永續經營、基業長青的正道。

回頭來看，到底索尼是被「績效主義」毀掉的，還是被商學院教授和企管大師們毀掉的？

後記

一九九〇年初，我舉家從香港搬到矽谷，到位於帕羅奧圖市（Palo Alto）的惠普洲際總部上班。辦公室在我旁邊的，是中國惠普的第一任總經理劉季寧博士。他於一九八六年從北京調回惠普總部之後，得到惠普同意，在加州大學柏克萊分校（UC Berkeley）的商學院兼課，教授國際商務（international business）課程。

當時劉季寧告訴我，他們班上有大半的學生是來自索尼的管理階層，公司派他們來美國念企管碩士，以便回日本之後提升索尼的全球競爭力。劉季寧對這些索尼高階主管學生說：「你們日本公司在電子產業已經打敗美國公司了，為什麼還要到美國來學美國式的管理？」學生們回答：「知己知彼」、「更上層樓」。劉季寧接著說：「好，那你們就好好地上企管課程，然後回去把你們公司搞爛。」（OK, you guys learn our MBA, then go back to screw your companies.）

當時許多美國企業都忙著以日本為師，學習日本的全面品質管理、看板管理（kanban management）、即時（just in time, JIT）零庫存管理等，所以這當然是一句玩笑話。

沒想到劉季寧博士竟然一語成讖：索尼花大錢送這些高階主管到柏克萊念企管，可能就是這些人學成歸國之後，從一九九五年開始全面推動績效管理和績效考核。這就是前面提到的，天外伺朗撰寫〈績效主義毀滅索尼〉一文中提到的「績效主義」。如今回顧過往，索尼會不會有悔不當初的感覺？

19 績效考核之二：不需要被管理的人

「不需要被管理的人」將成為未來勞動力的主流，連大企業都將大量僱用。為因應這個趨勢，組織架構必須由金字塔模式走向網路化、扁平化、流程化、虛擬化，而平衡計分卡式的KPI，自然就會被目標管理導向的OKR所取代了。

臉書上的朋友王聖皓在轉貼上一篇〈KPI，還是OKR？〉時，評論說了如下這段話：

企業每個階段所需要的人不同，而每個人不同階段所需要的企業也不同。慢慢地理解為何大公司、大醫院在找員工時，「團結性」、「順從性」優先於能力，找的主管也不一定需要能力。

當突破開拓期，進入穩定期時，個人開創性的重要性會大幅遞減、貢獻比重也會越來越低。「高成長動機」與「高創造力」的人格特質，經常與「不安定性」有正相關性，與團隊合作性不能並存。

由常態分布圖來看，無論智商或能力，在位於兩端的極端值時，太低是一種病態，太高也是一種病態，只有位於中間的九五%，才有互相理解以及進行團隊平等合作的可能。

瞎貨基層主管則可有效吸引砲火，將員工的不滿連結到主管本人身上，而非企業或制度本身。就彼得定律而言，一個人將一直被拔擢至一個無法勝任的位置為止。然後企業將無可避免地，在這個階段由成長轉為停滯，然後開始走向衰敗。

造物者對人性的設計算是諷刺嗎？對個體來說是殘忍的。一間企業或一個人，慢慢地成長至巔峰，而又慢慢地衰敗至原點，從無例外。但也是如此，其他生命才有了生存的空間。

也許符合道家的興衰更迭，才能循環不息，是對世界的另一種溫柔。*

他很貼切地詮釋了我的觀點：創業初期，團隊要找的成員應該是「不需要被管理」的人。新創公司應該要找的，是由內部動機來驅動、能夠自主獨立工作的成員。

企業就如同人類一樣，也有生命週期，從誕生、成長、成熟，到衰退，一共四個階段。從大歷史觀的角度來看，企業總是離不開一個規律：「成也是人，敗也是人」。在企業生命週期的四個階段之中，領導者必須分別重用不同個性和專業的人。許多企業沒辦法進入下個階段，或是導致最後一個階段「衰退」，甚至「滅亡」的發生，就是因為不懂得「階段性用人」。

但是，階段性用人就能夠保證基業長青、永續經營嗎？

怎樣的人不用被管理？

很多讀者問我，怎麼會有不用管理的人？怎麼去找不需要被管理的人？有的人放蕩不羈、有的人非常自負，這些人都是不能有老闆，或是不能被管理的人。如果這些人沒有專業，也沒有獨立自主執行的能力，那麼這些人就不能用。

人稱「三師」的律師、會計師、醫師三種行業，其實我覺得還可以加上「老師」，這些都是相對比較不需要被管理的人。因此，律師事務所、會計師事務所、聯合診所或醫院、學校之類的機構，管理組織都是非常扁平化的，不會出現在「師」後面加上課長、副理、經理、協理、副總、總經理等頭銜的情形。

關鍵就在於這些人具有專業，可以獨立自主運作，在他們的專業領域中比較不需要被管理。

＊編注：該評論在無更動原意的前提下，經過編輯小幅潤飾。

新工作潮

不需要被管理的人在哪裡？不需要被管理的人難找嗎？

讓我先從布里吉斯（William Bridges，一九三三至二〇一三年）這位美國著名暢銷書作者、組織變革顧問說起。他一生出過十本書，主要都在談論「變革管理」，光是《變革管理》（*Managing Transitions*）的首版（一九九一年）、更新版（二〇〇四年）以及擴大版（二〇〇九年），總共就售出了多達一百萬本以上。

可是我最有興趣的，其實是他在一九九四年所寫，[†]十分具有開創性的《新工作潮》（*Jobshift*）一書。在《新工作潮》中，他提到了一個觀念：所謂「工作」（job）這個概念，是從工業化時代開啟之後才誕生的。

現在

布里吉斯認為，在固定的時段、固定的場所、做固定的工作，是因應工業革命之後「大量生產模式」下的產物。在這樣的工作型態下，每個人都像生產線上的小螺絲，而這種思維的歷史只不過兩百年。而且，人們剛開始時對這種工作型態非常排斥，總認為自己是「領薪水的奴隸」。

過去

在此之前的農業時代，大部分老百姓遵循著日出而作，日入而息，春耕夏種、秋收冬藏的規律生活。人們的工作可以有彈性，可以自己控制作息，可以有創意，像農人、小工匠，都屬於這種形態。

我很喜歡作者在書中用了語意學來加強自己的觀點。在一些有關工作的單字上，原始語意和現在用法的差異，其實都反映著職場的變化。例如：

- Job：最早的意思是「一小塊或一口」，後來延伸為「一件任務」、「臨時工作」。
- Employment：原意與工作無關，而是指「應用」，到了莎士比亞（William Shakespeare）的時代，指的也是臨時性工作。
- Career：源自拉丁文的「道路」，意指「人或物通過的途徑」，就像一段旅程。

† 編注：英文版於一九九四年出版，繁體中文版是在一九九五年由時報出版發行。

作者要告訴我們的是，現在習以為常的「固定工作」其實都是工業革命後的產物，如果回到過去的農業時代，這些都屬於「臨時工作」。

未來

在這本完成於一九九四年的書中，描述了當時的「現況」，作者認為，這些都會成為一股不可逆轉的「趨勢」。例如，企業會擴大使用約聘或臨時聘僱人員、減少正式員工的數量，導致員工對企業的忠誠度降低；大量的個人工作室會出現，承包企業中的非主流專業工作，或是一年只需要做一、兩次的低頻率工作。如果用現在的術語來說，未來的工作型態多半會是「委任關係」，而不是「僱傭關係」。

同時，生產的流程會分包給不同的「自營工作者」負責，你必須憑著一技之長去「標」到一份工作，或者被「派遣」給某個任務。

你會加入某個職業工會參加勞保，因為產業工會已經不存在。你必須為自己付健保費、買醫療險，因為你和工作上的同事都是「客戶」關係，既沒有上司，也沒有部屬。

所謂freelance原先所指的是十字軍東征末期，因為軍隊分崩離析而各自逃回家鄉的「自由騎士」，他們成了中世紀社會生氣蓬勃的力量，正如這個名詞在今天是指「自由工作者」

一樣，他們將會是新職場中的主力。

作者認為未來的職場新世界，只是讓我們回到那個曾經遺忘了兩百年的「美好過去」。布里吉斯在一九九四年預測的未來，正在加速發生中，也印證了我的大歷史觀，合久必分、分久必合，歷史總是循環回到原點。

傳統大企業的崩解

網路加強連結，人工智慧取代重複性工作，區塊鏈去中心化，「數位分身」（digital twin）將實體數位化，擴增實境（augmented reality, AR）、虛擬實境（virtual reality, VR）、混合實境（mixed reality, MR）將實體世界虛擬化，使得自由工作者更加斜槓化，越來越不需要管理。

工業革命孕育了企業，全球化創造了跨國大企業。從新創公司發展到跨國企業，不同階段需要運用不同個性、不同能力的人。就如同臉書朋友王聖皓所說的，「大企業找的員工，團結性、順從性優先於能力。」終究避免不了「彼得原理」（Peter principle）現象的發生。

在這兩股力量交互作用之下，傳統的大企業將面臨被顛覆、被崩解的宿命，唯有改變用人方式和組織重構，大企業才能在未來存活。

分工與合作

工業革命帶來了大量生產，產生了「工作」的概念，生產模式也由單純的作坊生產，演化出批量生產、裝配線以及流水線，強調「分工合作」規模化的企業也紛紛誕生了。

企業的分工越來越細，而分工的目的除了提高生產效率，工作的技巧與技術門檻也降低了，因此比較容易找到人，也降低了用人的成本。但是，分工之後必須合作，分工越細，導致合作所需的管理越來越複雜、組織越來越龐大，相對應的費用與成本就越高。

自工業革命以來，歷史發展證明了分工合作、規模化的企業模式，勝過了農業時代的作坊與夫妻店，但隨著教育普及、科技發展、所得提高、個性化的消費需求增加，工業也進化到四．〇的時代。所以我越來越相信：

分工的成本＋合作的成本＝常數

不需要被管理的人將成為主流

基於以上的分析以及掌握到的未來趨勢，我大膽預測「不需要被管理的人」將成為未來勞動力的主流，不僅新創公司需要，未來的大企業也將大量僱用「不需要被管理的人」。

因應這個趨勢，組織架構必須由金字塔模式，走向網路化、扁平化、流程化、虛擬化。工作地點也必然會像鐘擺效應一樣，由「以家為廠」到「以廠為家」，再調轉回「以家為廠」，諸如行動辦公室（mobile office）、共同工作空間（co-working office）、家庭辦公室（home office）等。

隨著生產設備微型化、模組化、連結化、自動化，生產模式也將會出現鐘擺效應，由裝配線、流水線反轉，走向家庭作坊式、少量多樣的裝配生產線。例如，3D印表機、雷射切割機、電腦數控工具機設備（computer numerical control, CNC）、工業機器人、測試儀器、印刷機、包裝機等機具走向桌上型（desktop）設計時，家庭式的桌上組裝線連結雲端、大數據、人工智慧，遠距離分散式生產的模式，就會取代巨大的生產製造工廠。

所以，管理理論和方法也必須改變與簡化。

大企業之所以有龐大的總管理處和中央單位，就是為了解決基於人性私心的「搶資源」和「作假」兩大管理問題。透過即時監控和ＩＴ系統等高科技手段，使各級主管無處可藏資源，自然也就不會試圖在內部搶資源了。藉由區塊鏈三・〇的數位資產、智慧契約、分散式記帳，建構起去中心化的信用體系，自然也不必再作假。

隨著工作整合度提高，「不需要被管理的人」將會大量增加，所以在企業、部門、個人的績效管理和考核方面，細如牛毛、平衡計分卡式的KPI，自然就會被目標管理導向的OKR所取代了。

無論是創業或就業的人，都必須要能夠掌握潮流與趨勢，將自己變成一個「不需要被管理的人」，成為未來勞動力的主流。如果你能成為一個「不需要被管理的人」，又何必擔心工作被人工智慧取代？

後記

由於本文的議題確實有爭議性，所以在發表之後有讀者私下問我，有沒有這種「未來企業」的例子。

InVision是一家美國軟體公司，成立於二〇一一年，公司已經發展到超過七百人的規模。可是InVision沒有一間辦公室，許多共同工作數年的同事從沒見過面。這家公司怎麼管理呢？請上網看這篇報導：〈這家新創的七百名員工全都遠距工作〉（All 700 employees at this startup work remotely. Here's why one of its top execs says it's given them a major edge over the competition.）。*

為了平衡報導兩邊的觀點，也讓我分享另外一篇文章。† 這篇文章指出，遠距辦公比較適合新創或小型公司，而美國如雅虎、美國銀行（Bank of America）、安泰保險（Aetna）等許多大企業正在反其道而行，紛紛建立龐大如校園的總部，同時把遠距辦公的員工都找回辦公室了。

究竟何者會勝出？只能拭目以待。

---

* 編注：文章網址為：https://www.businessinsider.com/invision-startup-all-employees-work-remotely-2018-9。

† 編注：文章網址為：https://www.nbcnews.com/business/business-news/why-are-big-companies-calling-their-remote-workers-back-office-n787101。

20 績效考核之三：不需要被管理的人，仍需要自我管理績效

雖然「不需要被管理的人」都習慣於獨立運作、有各自的看法和做法，但仍然需要一套績效管理與考核的辦法，否則就無法整合和發揮綜效。解決的辦法，就是從對「產品」和「黃金樣本」的理解、標準、共識開始。

我在發表了績效考核系列的第一篇文章〈KPI，還是OKR？〉之後，收到了許多讀者的回饋和提問，在第二篇文章〈不需要被管理的人〉中，也正好提到了律師、會計師、醫師、老師等職業，都屬於不需要被管理的人。那麼，這些「不需要被管理的人」所屬的單位或個人，他們的績效目標應該怎麼訂？又應該怎麼考核？

在這裡，就讓我用一位讀者的來信當作引言，來談談我的做法。以下這段文字，來自一位服務於教育界的讀者：

你好，最近讀到考績那篇文章，非常好。我是從事教育，在學校工作，所以在反思考績又是什麼一回事？你文章最後那張簡報很有用，後果是學校最想忽略的。

我學校重視人，很多時候老師的工作亦比較自主，所以作為管理，如何考量老師的表現？這是很困難的。

我以自己的學校情況分享一下。

我們每年都有分發獎金，由〇至二〇％不等，大概是按老師的綜合表現而訂定的。

首先，老師會按自己任教的學科，以及負責的行政工作先做自評，然後他們的直屬上司便會給予回饋，最後校長會接見每一位老師，跟他們傾談該年的工作情況，並為老師寫下一些評語，當中最重要的理念，是不會量化老師的工作表現，所以一般學校會看老師的考勤、學生成績等都沒有特別考慮。

所以，一般對我們這個做法的評語都是考績制度比較主觀，往往看重直屬上司及校長的回饋，而老師的自評亦未必客觀等等。

在全面品質管理的觀念中，所有事情包含組織、個人，都是可以流程化的，只要透過持續進行的流程改善，就可以得到更好的產出。然而流程改善必須要有依據，因此，對於產出的「實體產品」或「服務」必須進行科學化、量化的考核，才能得到流程改善的依據。

不論是政府、企業、部門，甚至小到一個工作崗位，都需要做績效考核、給予獎勵或懲罰的「後果」，才能形成一個「閉環回饋系統」。

每個組織或個人的存在，都有其目的

Everything has a purpose，意思是，任何組織或個人的存在，都有它的目的，所以，許多人窮其一生，都在追求他存在的目的。組織也一樣，有它設立的目的，而這個目的就是OKR（目標與關鍵成果）之中的「O」（objectives）。很多人覺得，OKR在績效考核上會優於KPI，因為OKR會提醒大家「存在的目的」與「關鍵成果」。

但是，KPI很容易訂定，也很容易量化與衡量。KPI還有一個「延續性」的好處，可以看出長期的趨勢。另一方面，OKR比較有彈性，可以因為環境的改變，在不同時間有不同的「關鍵成果」。

依據過去的經驗，我來提供一個在KPI與OKR之外的不同選擇給讀者們參考。首先請參考圖20-1。

假設每一個組織或個人，都是一台生產「設備」，這個設備裡面必定有一些「主要增值流程」（key value-added processes）。例如，不管是製造業或服務業，企業中必定會有「產品

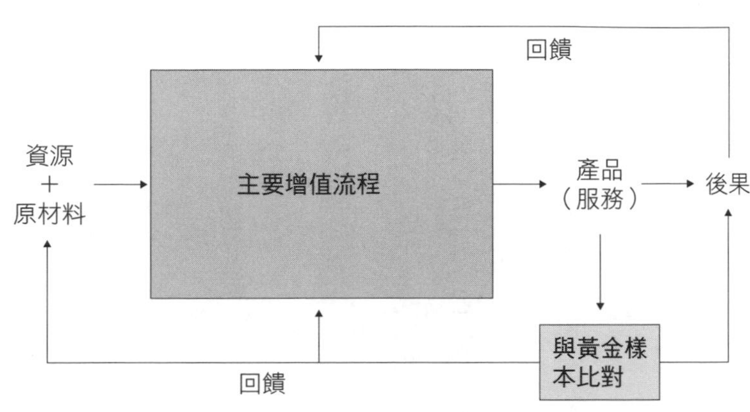

圖20-1：政府、企業、部門、個人的績效考核系統

設計」、「產品生產」、「訂單產生」、「客戶維護」等流程。透過這些主要增值流程，「設備」可以把投入的原材料和資源轉換成產品。而**這個增值和轉換的過程，就是「組織」存在的目的。**

黃金樣本

OKR中的「O」有了，那麼「KR」呢？就如同「設備」已經有了，投入的原材料和資源知道了，設備內部的增值流程也知道了，難道還不知道能產出什麼產品嗎？

在實體產品製造業，進行量產之前都會先做一個「黃金樣本」（golden sample），這就是產出產品的最高「標準」，讓所有參與的人都很清楚地知道、看到，並且可以清楚描述這個產品的最高標準。如果沒有這麼一個黃金樣本作為標準，就很難判斷量產之後的產品究竟是好還是不好。

「產品」就好像一個組織的「績效」，如果沒有一個「標準」的話，如何來考核它呢？

在服務業，確實比較難做出一個實體的黃金樣本。但是，總要可以具體描述出「最高標準的服務」是長什麼樣子、怎樣衡量、怎樣考核吧？

閉環回饋系統

量產之後的產出，就要跟這個黃金樣本比對，然後與「後果」（獎懲機制）結合，才能形成一個閉環回饋系統。然後藉由調整投入的資源與原材料、調整主要的增值流程，並透過持續的改善，來縮小產品和黃金樣本標準之間的差異。

許多組織會做績效考核，但是往往忽略了後續的動作：與獎懲結合、透過科學手法來檢討投入與流程的改善。沒有這些後續的動作，就形成不了閉環回饋系統，績效考核也就只能流於形式了。

具體步驟

一、先寫下組織的「使命」（請參考《創客創業導師程天縱的專業力》中〈以「企業使命」定義自己的成就與目標〉一文）。

二、假設組織就是一部「設備」，那麼組織存在的「目的」就是設備的主要「功能」。試著把功能寫下來，設備的功能就是組織的「主要增值流程」。

三、投入這部設備的主要原材料和資源是什麼？把它寫下來。

四、這部設備產出的黃金樣本是什麼？從外觀、功能、用途、品質、可靠性等面向，用文字描述出來。如果可能的話，盡量用可以量化的因素來描述。

接下來的動作，包含結合獎懲、改善投入和流程，雖然非常重要，但不是我們這篇文章講「績效自我管理」的重點，所以這裡就不再討論了。

難以考核「不需要被管理的人」

我在上一篇文章中提到，律師、會計師、醫師、老師等專業人士，比較能夠在自己的專業工作領域獨立運作，所以比較不需要被管理。但是，這些人的績效考核反而非常難做。就如同這篇文章一開始的時候，服務於教育界的讀者給我的回應指出「老師的表現非常難考核」。

我的臉書朋友中，有許多在大學任教的老師。有些老師告訴我，他們學校的績效考核採用的是「三百六十度考核」的方法，不僅有上司的考核和自評，還有同事之間的考核，以及學生對老師的考核。

對於這種三百六十度考核方式，我採取保留的態度，因為這種考核方式不但曠日廢時、浪費資源、增加負擔，而且很容易導致各方都不滿意。

對老師進行三百六十度考核，就有點像「打補釘」一樣：從最初的上司考核，打上自評的補釘，再打上同事考核的補釘，再打上學生對老師考核的補釘。這些補釘都來自於老師對績效考核不滿意、不公平的抱怨。*

補釘下的問題

追究到最原始的補釘，掀開來看看就會發現，問題的根源在於沒有「黃金樣本」，或許更糟糕的是，連「產品」是什麼都不知道。

我也跟這位大學老師在Messenger上討論過，從教育部、從學校、從學院、從科系、從老師等各個不同高度與層面去探討，真的不知道「投入的原材料」、「增值流程」和「產品」是什麼，更遑論什麼是「黃金樣本」？

雖然「不需要被管理的人」在各自的專業領域中，都習慣於獨立運作，都有各自的看法和做法，但是他們仍然需要一套績效管理與考核的辦法，否則就變成各自為政，沒有辦法整合和發揮綜效（synergy）。解決的辦法，就必須從對「產品」和「黃金樣本」的理解、標準、共識開始討論。光靠抱怨和打補釘，都是解決不了問題的。

建議讀者們，依據圖20-1與上述的步驟，試著把自己職務的績效考核模型寫出來，或許會比KPI或OKR更有效。

＊編注：關於「打補釘」，請參考《創客創業導師程天縱的管理力》一書中的〈從根源解決問題，不要只「打補釘」〉。

後記

一九九二年初，我從美國矽谷搬到北京，擔任中國惠普第三任總裁，當時公司的內部到處都是違反商業道德和貪腐的行為。

我對於商業道德的堅持，幾乎到了有潔癖的地步，因此決定採取雷厲風行的辦法，從內部員工的教育和外部供應商的培訓雙管齊下。如果教育過之後再犯，絕對嚴懲不貸。當時有幾位中國惠普本地的高階主管，主動到我辦公室來告訴我：「這種現象在北京非常普遍，即使你不收錢，人家都可以送到你家裡去。你剛來北京就任，建議你先瞭解本地的狀況，多一事不如少一事。」

我當時立即回答他們：「我確實沒有辦法改變整個社會的現象。但只要是我負責的這一小片土地，我就要保證它是乾淨的。」這就是我幾十年來，身為一個專業經理人的態度：「從我自己做起」。

我前一篇文章提到，「不需要被管理的人」未來將會是勞動力的主流。為什麼未來的年輕人不需要被管理呢？因為包括自己的專業工作和績效考核，他們都會「自我管理」。

KPI通常是上級所定，自己很難參與討論制訂。雖然OKR聽起來非常「高大上」，*但以一個中大型企業來講，少則千人、多則萬人，如何讓各層級、每個人的績效目標，都與公司的策略有關係？從這個角度來看，OKR又顯得「務虛、不務實」，有點唱高調的感覺。

本文延續了我「從自己做起」的一貫精神，在自我績效考核方面，除了KPI和OKR之外，提出了第三種選擇。

我認為，這篇文章所介紹的模式與方法簡單明瞭、容易執行。不論是部門主管或基層員工都可以試試看。如果你想要變成一個「不需要被管理的人」，那麼一定要好好參透本文。

＊編注：「高大上」原為大陸電視劇台詞，全稱為「高端、大氣、上檔次」，常用來形容有品味格調，或作為反諷。

21 績效考核之四：「職、權、責合一」是企業成長的強心劑（一）

許多企業都有疊床架屋、多頭馬車、冗員充斥的現象，造成了「職、權、責分離」的結果，必須以提高「職、權、責合一」的程度來解決。如果能做到這一點，效率提升、速度加快、成本降低都只是額外的好處，真正的目標在於建立能「當責」的企業文化。

二〇〇五年六月，中國惠普在北京舉辦二十週年慶典，邀請歷任總經理參加，時任德州儀器亞洲區總裁的我也獲邀出席。在典禮中，遇見了才剛就任惠普執行長兩個月的馬克・赫德（Mark Hurd）。

許多朋友知道這段戲劇化的故事：先是惠普前任董事長兼執行長卡麗・菲奧莉娜（Carly Fiorina）不顧董事會的反對，在二〇〇二年執意併購康柏電腦（Compaq），埋下了與董事會關係破裂的種子。接下來幾年，因為菲奧莉娜的領導能力和執行力不足，使得惠普在併購康柏後的營收不升反降，公司運營混亂，最後在二〇〇五年一月董事會策劃的「兵變」

之下遭到逼退。

赫德進入惠普

赫德在安迅公司（NCR Corporation）服務二十五年，功勳彪炳。他一九八〇年從基層業務做起，二〇〇一年晉升為總裁，二〇〇二年成為集團營運長（COO）之後又馬上接任執行長，將安迅成功轉虧為盈。

當時惠普正處在風雨飄搖之際，赫德以外部救援投手的身分登台，收拾菲奧莉娜留下的殘局。雖然赫德在安迅展現了他以專業經理人身分「下殘局」的能力，但當時的安迅是家小公司，遠不能和惠普的規模相比。

赫德就如同在職棒小聯盟表現出色的投手，突然被推上了大聯盟的投手丘，業界及華爾街仍然對赫德未來的表現抱著觀望的態度。

惠普飛黃騰達的五年

從二〇〇五年四月赫德就任執行長，到二〇一〇年八月辭職的這五年，是惠普飛黃騰達的一段期間。讓我們來看看，赫德在這五年之中領導惠普的成就：

一、二〇〇六年，惠普筆記型電腦的營收成為全球第一大。惠普的營收超越ＩＢＭ，成為全球最大的ＩＴ企業。

二、二〇〇七年，惠普成為全球營收最大的桌上型電腦品牌。

三、二〇〇八年，噴墨印表機的全球市占率是四六%，雷射印表機的全球市占率則達五〇．五%。

四、在赫德領軍的二十二個季度裡，有二十一個季度讓惠普營收達到華爾街的預期，並且連續二十二個季度獲利都有成長。

這五年期間，惠普營收成長了六三%，股價成長了一三〇%。看起來好像不怎麼樣嗎？但是別忘了，二〇〇八年的金融海嘯，就夾在這五年當中。

二〇〇七年，《財星》（*Fortune*）雜誌將赫德列為二十五位最有權勢的商業界人士之一。二〇〇八年，《舊金山紀事報》（*The San Francisco Chronicle*）將他評為「年度最佳執行長」。二〇〇九年，赫德再獲選為《富比士》（*Forbes*）雜誌的「頂尖執行長」（Top Gun CEO）之一。

赫德離職

二〇一〇年六月二十九日，就在赫德的聲勢如日中天時，他收到了一封來自女性前員工的指控信函。這位名為茱蒂・費雪（Jodie Fisher）的女士，曾在惠普董事長公關辦公室擔任約聘員工兩年，專門在赫德參加「執行長／資訊長高峰會」（CEO/CIO Executive Summit）時接待重要客戶。

她聘請了以難纏知名的名流律師葛蘿利亞・奧瑞德（Gloria Allred），向赫德寄出了法律信函。信函中指出，費雪在惠普服務的兩年之中，一直受到赫德的性騷擾。

費雪是位年近五十的單親媽媽，二〇〇八年初由負責赫德公關活動的Fimbres公司以約聘方式僱用兩年。二〇〇九年底合約到期後，費雪離開了惠普。沒料到在半年後，她向赫德提出了性騷擾的指控。

赫德接到律師指控信函之後，立刻向惠普公司的法務部門報告，展開內部調查。由於此事關係到惠普公司的董事長，因此調查小組並沒有跟外部人員接觸，對於指控人費雪的過往，也只能透過網路查詢。

一個月之後，調查小組在七月二十八日向董事會報告結果。董事會對於這樣如同晴天霹靂一般的指控，也感到頗為震驚，於是在接下來的一週之中，開了無數次的會議，也請赫德來做了很多次報告。

雖然赫德堅持清白，調查小組對於性騷擾的指控也查無實據，但隨後的詳細費用審查結果卻顯示，赫德與費雪曾有幾次在無公務的時候共進晚餐。費用報銷雖然不是赫德親自填寫的，但卻有不實報銷的情況，牽涉的金額在兩千到兩萬美元之間（附記一下參考數字：赫德在二〇〇九年的年收入是兩千四百二十萬美元）。

至此，董事會的十位成員對赫德的說法已經開始產生懷疑。雖然他已經透過律師和費雪和解，且性醜聞案也沒有實際證據，但因為費用報銷確有瑕疵，因而違反了惠普的商業道德條款，所以董事會堅持要赫德離職。

於是，在沒有先找接班人的情況下，赫德於八月六日提出了辭呈，離開惠普。當時許多矽谷高科技公司的大老們紛紛為赫德打抱不平，跳出來公開指責並挑戰惠普董事會的決定。這些打抱不平的人，包括甲骨文執行長賴瑞・艾利森（Larry Ellison）、奇異公司的傑克・威爾許（Jack Welch）、《紐約時報》（*The New York Times*）專欄作家喬・諾瑟拉（Joe Nocera）等。他們都公開指責惠普董事會「開除」赫德是一個「懦弱和愚蠢的決定」。

華爾街股市也用實際行動表達了他們的不滿：在接下來開盤的星期一，惠普的市值在一天之中蒸發了高達九十億美元。

奇怪的是，在赫德與醜聞中的女主角費雪私下和解後，女方卻公開表示，對此事導致赫德離職覺得難過。但董事會擔心媒體報導會造成嚴重的公關災難，所以仍然堅決要求赫德離開惠普。

或許性騷擾案造成的道德瑕疵不是赫德下台的唯一原因，他就任以來，包含大量裁員和機構精簡的鐵腕改革，使得基層員工普遍不滿，可能也是重要的因素之一。

賈伯斯與艾利森介入

就在赫德離開惠普後的第三天，蘋果執行長史蒂夫．賈伯斯（Steve Jobs）寄了一封電子郵件給赫德，約他在賈伯斯自家附近散步，並且長談了兩個小時。賈伯斯希望能夠調解赫德和惠普董事會之間的紛爭，讓赫德重回惠普。

在這次長談之後，賈伯斯還親自致電給幾位惠普董事，希望能改變董事會的決定。但惠普董事會卻鐵了心，於九月三十日聘請了軟體公司思愛普（SAP）的前執行長李艾科（Léo Apotheker）來接替赫德，成為惠普的新執行長。

此時，甲骨文執行長艾利森展現了「為朋友兩肋插刀」的義氣，在完全不必經過盡職調查（due diligence）的情況下，得到了甲骨文董事會的同意，聘請赫德成為甲骨文的「共同總裁」（Co-President），並且在一年後就讓他接任執行長。

而惠普這邊，營收在赫德離開後的一年之中雪崩式下跌，美國《商業週刊》（*Business Week*）甚至以「自爆」（implosive）來形容這個慘不忍睹的狀況。結果新執行長李艾科只幹了十一個月，就匆匆忙忙地下台了。

北京偶遇

把時間再拉回到二〇〇五年六月。中國惠普二十週年慶典在北京舉辦時，赫德加入惠普才兩個多月，就到北京參加慶典。或許由於中國惠普的高階主管們對於這位新上任的執行長並不熟悉，因此好大的一張主桌上，就只有他孤零零地一個人坐在主位，沒有人跟他說話。

我看他孤單一人，就主動坐到他的身邊，跟他聊起我在惠普的歷程與北京六年的經驗。或許因為這次中國之行一路上沒人敢跟他說話，所以他對我聊起的話題顯得興趣高昂、無話不說。閒聊中，我問起了他這兩個多月在惠普的觀察，以及未來的策略。他倒是挺開放的，直接告訴我他的想法，他的話令我印象深刻，後來他在惠普的改革，也確實印證了那天所說的策略。

再造惠普

赫德表示，他的前任菲奧莉娜已經併購了康柏，現在再討論策略正確與否已經於事無補。他認為菲奧莉娜的策略是要藉由併購康柏來改變惠普的文化：**從一家技術、工程導向公司，轉型為以客戶、消費市場為導向的公司**。他認為，這沒有什麼對錯的問題，而是執行是否成功的問題，因此他並不打算改變菲奧莉娜的策略，而是在執行上要加大力道。

他認為，惠普成立了六十六年，很成功地發展為營收八百億美元的跨國公司，而惠普的文化又講究「以人為本」與「團隊精神」，如果因此任由各產品事業部門各自成長為非常龐大的組織，將會犧牲掉效率、速度以及成本方面的競爭優勢。他發現，在當時的組織當中，有很多疊床架屋、多頭馬車、冗員充斥的現象，因此造成了「職、權、責分離」的結果。任何部門，尤其是中階部門，主管能夠掌握「職、權、責合一」的幅度只有三〇％左右。所以，他的目標就是要將「職、權、責合一」的程度從三〇％提高到七〇％。

怎麼做呢？首先是裁掉冗員，然後精簡組織，就能夠將「職、權、責合一」的程度提高。不過，效率提升、速度加快、成本降低都只是額外的好處，**改革真正的目標，是建立「當責文化」**。

這一段談話對我的管理思維影響很大。經過一段時間的消化吸收之後，我把這個管理模式融入了我的工作中。為什麼這個模式這麼重要？簡單地說，提升效率、加快速度、降低成本當然都是每個企業的目標，但如何具體地實現，才是最重要的。在下一篇文章中，將會跟各位讀者分享我融會貫通之後的心得。

22 績效考核之五：「職、權、責合一」是企業成長的強心劑（二）

在上一篇文章中，我們從惠普的例子瞭解到「職、權、責合一」對企業的重要性，在這一篇中，我們就從實務面來探討，並且就我個人的經驗提供一些心得。

職、權、責為何會分離？

所謂職、權、責的區分，就是：

一、職務（responsibility）：就是工作、任務，也就是要做的「事」。

二、權力（authority）：為了做好工作，所需要做「決定」的權力。

三、責任（accountability）：承擔「成敗」的一切後果。

為什麼大企業的職、權、責變得越來越「分離」？主要原因有兩個：分工太細，和矩陣式管理。

分工太細

越大的企業，分工越細，部門就越多、越複雜。

依照前面〈不需要被管理的人，仍需要自我管理績效〉一文中所說的，每一個部門的存在，都有「主要增值流程」來創造價值、產出「產品」，而分工越細之後，流程就越來越短、越來越簡單、越來越需要與其他部門配合與整合，才能看到「成果」。

因此，流程與職務被切割之後，往往決策的權力會分散到許多人手裡，導致最後萬一失敗時沒有人願意負責。

矩陣式管理

矩陣式管理最簡單的模式，就是區分「集團中央」和「產品事業部」。這種模式的出現，往往目標是好的，因為大企業希望建立「規模優勢」，因此各產品事業部門的共同部分，就由集團中央接管。例如公關、財務、法務、人資、行政、採購、技術研發，甚至於基礎建設、機電、環保等，都可以由中央來主導。

但是，最後的結果卻可能是內部矛盾、鬥爭、爭權奪利、內耗空轉等狗屁倒灶的事情層出不窮，在績效考核和本位主義的影響之下，團隊合作的精神反而不見了。而傷害最大的，是產品事業部門的「主要增值流程」被切割得七零八落，因為很多決策權力都不在負責盈虧的利潤中心或事業部門主管的手裡。

如果跨國企業再加上地區的維度，也就是「條條塊塊」的「塊塊」組織，那麼這個「矩陣」就有可能變成「三維空間」甚至「四維空間」的組織架構了。

關於「條條塊塊」，我曾經在〈「儲備領導人才」與「成為領導者」的經驗〉一文中，做過以下的說明，歡迎讀者參考。（該文收錄於《創客創業導師程天縱的經營學》中。）

在跨國企業或是一些政府單位，矩陣式組織都是不可避免的。以中國政府做例子，中央部委管轄的是全國性的政務，俗稱「條條」；地方省市政府則是管理地方政務，必須和中央部委合作落實地方的政務，俗稱「塊塊」。

以跨國企業來說，產品事業部門負責產品的盈虧，必須銷售到全世界，就像政府的「條條」；而各國分公司負責各國市場的實際銷售，就像政府的「塊塊」。

為什麼叫做矩陣式組織呢？條條是縱的線、塊塊是橫的線，形成一個交叉的棋盤；所以在國家的每一個高層職位，都有兩個老闆，一個是產品事業部的老闆，另一個是當地分公司的總經理。

當責

分工過細加上矩陣式管理，造成了惠普公司龐大的組織架構，以及「職、權、責合一」程度只有三〇％的情況。換句話說，許多應該負起最終成敗責任的部門主管，都不願意承擔責任，因為七〇％的職務不歸他管，相對應的決策權也不在他們手裡。但如果最後需要他們背黑鍋，他們怎麼會答應呢？

在我後來的職涯裡，每當我檢討一個部門的績效、成立一個新部門，或是成立新專案的時候，都會問這麼一句：「**如果沒有達到目標，或者專案失敗了，而我一定要，而且只要槍斃一個人，那麼這個人會是誰？**」**如果找不到這樣一個「當責」的人，那麼我就知道，這個任務或專案還沒開始就註定要失敗了。**

而為什麼會有「當責」的人，這就要回到「職、權、責合一」的角度來設計工作。

授權

我在輔導中大型企業的時候，經常會被問到「授權」的問題。通常企業管理層會圍繞著「核決權限」在打轉，而通常核決權限都是以金額大小與職級高低來設計的，出發點大都是為了「防弊」，這不是真正的「授權」。

授權的出發點應該是為了「興利」，不是「防弊」，而授權必須跟「職、權、責」綁在一起授予員工。

現在大企業中普遍的現象是：有人「有職無權背責任」、有人「推事爭權不負責」、有人「無職有權不當責」。如果是這樣的企業文化，怎麼可能不出問題？如果各位在自己服務的企業裡用心觀察，一定可以找到許多例子。

背道而馳的特殊例子

我的前東家老闆絕頂聰明，領導能力獨樹一格，但他發明了許多管理模式，完全和前述的「職、權、責合一」模式背道而馳，包括「五權分立」、「Two-in-One」和「簽字」。

所謂「五權分立」，就是將一個事業部門的主要職務，劃分開來成為五個：

一、挑選「客戶」；
二、決定「產品」；
三、選擇「製造」地點；
四、決定「價格」；
五、決定「採購」供應商。

然後依據各事業部門的不同情況，可以再切割「職務」給其他事業部門，並且彈性地收回決策權。

這個做法的最大好處，就是可以站在「集團」的高度綜觀全局、加快速度、彈性應變。可是這樣一來，五權分立之後，唯一的「整合者」就只有老闆本人了。

所謂「Two-in-One」，就是一個事業部有兩個以上的總經理。這種模式的好處就是「互相補位」、「內部競爭」，不會有一人坐大，變得不可替代，或發生不聽指揮的現象。但是，這又必須要有個強有力的老闆來領導和協調。

老闆常常說，「簽字」就是「牽制」，也就是任何簽呈都要知會相關的其他單位，透過「簽字」取得他們的意見與支持。所以，其他單位主管的「簽字」就是責任，會發揮對簽呈部門牽制的作用。

可是這個「立意良善」的做法，往往因為「上有政策，下有對策」而產生了反效果。一份簽呈超過十個以上的簽字，已經成為常態。本來希望發揮「牽制」的作用，反而成為「分擔責任」的擋箭牌，出事的時候找不出一個人可以槍斃。

任何管理和組織模式，都會有利有弊。從統計學的角度來看，總有一些極端的成功例子，與常態分配的主流是背道而馳的。

我的前東家是個極端的例子，這位前老闆是個商業奇才，擁有非常特殊的領導魅力。即使與「職、權、責合一」理論背道而馳，他的這幾個管理模式卻非常成功，帶領著集團成為產業裡全球最大的企業。但是，在凡事「非他不可」的情況下，若非領導者有驚人的智力與精力，是無法長久的。因此這種模式也是其他企業無法複製的。

赫德在惠普

最後讓我們再回到文章的主角赫德身上。二〇〇五年六月在北京的談話中，他告訴我的策略就是：裁員、機構精簡、提高「職、權、責合一」程度，建立起主管「當責」的文化。

在他離開惠普的時候，許多投資人和媒體除了為他打抱不平之外，也為他在惠普五年的功過做了總結與評價。

裁員

在菲奧莉娜領導的五年期間，惠普變成了一個囊括個人電腦、數位產品、印表機及服務在內的跨國企業。儘管菲奧莉娜按照「客戶導向」的原則，將惠普四大業務集團進行過多次重組，但是基本上沒有過大規模裁員，即使是壓縮編制，公司也會想辦法在其他職務上重新安排人員。這使得惠普成了全球ＩＴ業界人數最多的公司之一，員工達到十五萬一千人，幾乎是競爭對手戴爾（Dell）的三倍。

二〇〇五年七月十九日，惠普正式宣布，計劃在之後的六個財務季度裡削減一萬四千五百名員工，接近總數的一〇%。這次裁員的目標明確，主要將如後勤、財務、人力資源等職能部門精簡，並適當調整業務部門。同時，因為考慮到惠普創新的需要，所以裁員重點避開了核心的研發和銷售部門。

機構精簡

赫德上任後，董事會就表示不會對他的具體變革措施加以干預，因此機構精簡得到了董事會的支持。當時最讓惠普頭痛的地方，就是四大事業群的管理成本：

一、個人資訊產品事業群（下稱PSG）；
二、列印及成像事業群（下稱IPG）；
三、技術與服務事業群（下稱TSG）：以上為三大主要產品事業群；
四、顧客解決方案事業群（下稱CSG）：專為以上三大事業群提供銷售服務。

CSG等於在總部橫向的管理體系中，又多出了一個橫向的職能部門。這在公司矩陣體系中增加了大量的銷售人員，而這又和產品事業群的銷售人員職能部分重疊。

這就造成職權不清的狀況。雖然CSG能讓惠普以整體形象出現在客戶面前，但是一旦掉了訂單，反而沒有人實際承擔責任，因為這可能是CSG的責任，也可能是產品事業部門自己的責任。

因此，赫德在裁員的同時，也將惠普存在數年之久的四大事業群變成三個，也就是個人電腦產品為核心的PSG、以印表機相關產品為核心的IPG，以及技術與服務事業群TSG。接下來，負責後勤和採購的全球營運部門也被撤銷，方式也是效法撤銷CSG的思路，將職能分配到三大產品事業群之中。

為了提高公司的營運效率，惠普在二〇〇六年五月將全球八十五個數據中心整合進美國亞特蘭大、休士頓、奧斯丁的六個主要站點。除了數據中心，惠普內部還裁掉了五百個

ＩＴ專案，節省了兩億美元的費用支出，但仍保證惠普內部的ＩＴ系統能提供最好的資訊給公司員工。

職、權、責合一

在「職、權、責合一」方面，赫德的做法是減少層級，從他自己到最基層的員工只有八級（之前是十一級），而且都是直線聯繫，再也沒有矩陣中的橫向條塊。

如果有某項指標沒有達到要求，那麼下級就對自己的直接業務上級負責，然後一層層往上延展，這在惠普內部被稱為「當責制」。赫德認為，當責制的責任比較明顯，每個部門都要對結果負責。

結語

雖然菲奧莉娜和赫德兩位執行長都是在我離開惠普之後才加入的，但是這兩位都是在惠普歷史中，除了創辦人惠利特和普克德兩位之外，表現最突出的執行長。

他們兩位都是在惠普處於風雨飄搖之際，由外部空降擔任救火隊。在惠普的期間都是五年左右，最後都難逃被董事會開除的命運。

除此之外，兩人完全是不同的性格與作風。菲奧莉娜聰明活潑、有策略思維、個性外向、有領導魅力，像是聚光燈下的明星；赫德則是沉穩務實、性格內斂、執行力強、注意細節。相較之下，赫德比較像是躲在角落默默耕耘的專業經理人。

在離開惠普之後，菲奧莉娜選擇了從政，而赫德則堅守專業經理人之路，帶領著甲骨文，從傳統軟體公司往「雲端計算」的轉型之路前進，而他的管理模式也在甲骨文持續地推行著。

二〇〇五年六月和赫德在北京的偶遇至今仍印象深刻，短短的半小時交談中，他跟我分享了許多對惠普的改革策略。雖然當時沒有很深入的理解，但隨著他後來落實的改革策略，和我自己參與、輔導企業所見，這套理念也就變得越來越清晰了。

23 績效考核之六：「職、權、責合一程度」的提升與量化評鑑

前兩篇文章談到「職、權、責合一」，並且以惠普前執行長赫德的改革為例，來說明這一點的重要性。但有些讀者仍然表示很難理解，不知道如何把「職、權、責合一程度」量化。因此，本文就以企業中的產品事業部當作例子，用圖解的方式來說明。

單一產品線企業

當一個企業規模還小的時候，只有一個產品線，企業的主要增值流程就如圖23-1所示。從左到右分別是：

一、**產品產生流程**（product generation process）：由市場部門定義目標市場、找到用戶和客戶的需求或痛點，並定義出產品，然後由研發部門根據產品定義，設計開發出

產品事業A | 市場 | 研發 | 業務 | 供應鏈 | 生產 | 交付 | 人資 | 財務 | IT

圖23-1：單一產品線企業的產品事業部增值流程

最終產品。

二、**訂單產生流程**（order generation process）：由業務部門在各地區目標市場裡找到目標客戶，並透過銷售流程贏得客戶訂單。

三、**產品生產流程**（product production process）：根據研發部門的產品設計以及業務部門取得的客戶訂單，產生物控表、採購原材料，建立生產線來製造產品。

四、**訂單交付流程**（order fulfillment process）：建立倉庫、庫存和物流系統，根據訂單要求的數量和時間，交付給客戶，完成產品驗收。

五、**支援功能部門**（supporting functions）：人資部門協助人力方面的規劃和選、育、用、留。財務部門負責資金與財務規劃，包含收款、付款和現金流。IT部門則提供產品事業部所需的資訊技術和服務。

其他功能部門還有法務、行政、基建、機電、公關、安全、環衛、品質等。以上只是一個簡單的流程示意圖，每個主要增值流程還可以被拆解和細分。

在這個單一產品線的階段中，整個公司就是一個產品事業部，也是一個

「利潤中心」，而利潤中心最主要的績效項目，當然就是營收和獲利。

產品生產流程和訂單交付流程所牽涉到的部門，包含供應鏈、生產工廠、倉庫、物流等，也就是「成本中心」，成本中心的主要績效項目，還是以降低成本為主。

產品產生流程、訂單產生流程，以及支援功能部門等，都屬於「費用中心」。費用中心的績效項目，大多是在合理控制費用的前提下，增加營收和競爭力為主，通常可以用「投資報酬率」來考核績效。

處於單一產品線階段的企業，通常採用「功能型組織架構」（functional organization），所有的功能部門都直接報告給總經理，所有的責任也都由總經理來承擔。在這個階段，「職、權、責合一」的程度是一〇〇%。

多重產品線的企業

當企業進入高速成長期，就有新的產品線不斷出現。不同的產品線可能會有不同的目標市場和客戶，也需要不同的技術和銷售通路，連生產工廠和製程都有可能不一樣。

在時間、資源都有限的情況下，企業經營者的管理難度大幅增加，所以企業組織勢必要做改變。這時最常見的組織架構，就是「混合型組織架構」（hybrid organization），也就是將

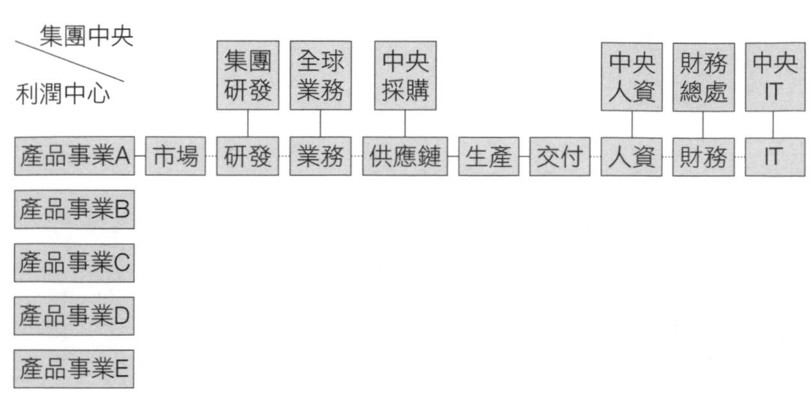

圖23-2：多重產品線企業的產品事業部增值流程

「事業部門型組織架構」（divisional organization）和「功能型組織架構」混合在一起。

如圖23-2所示，有多個產品事業部門，各自負責不同的產品線，同時建立集團中央的功能性部門，以「實線」管理這些產品事業部的功能。一方面可以形成規模優勢，另一方面又可以加強最高經營者的管控程度。

圖中也指出，集團中央直接以「實線」管控研發、業務、採購及所有的支援功能部門，而這些部門則透過「虛線」報告給各個產品事業部，形成了矩陣式管理架構。

矩陣式管理

矩陣式管理架構之所以受到大部分企業經營者的青睞，就是可以形成規模優勢、降低成本、增加競爭力，同時又可以加強經營者對各產品事業部的管理力度，避免失控和弊端的出現。

如果企業經營者的領導不夠強勢、管理不夠深入時，團隊合作就會出問題，反而會出現爭權奪利、內鬥內耗、爭功諉過的現象。如果企業老闆太過強勢，授權不足，又經常越級管理，就會出現馬屁文化、金魚的糞、*消極被動、推事怠工、無所作為的現象。

實線與虛線

在矩陣式管理架構裡，一個部門主管可能會有兩個以上的老闆，但是其中只能有一個「實線」老闆，其他的都是「虛線」。

對於屬下的績效，「虛線老闆」只能提供建議給「實線老闆」。實線老闆握有實權，負責屬下的績效考核、薪資調整、職務晉升，並且可以決定發給獎金與股票的多寡。從人性的角度來看，屬下肯定只聽「實線老闆」的。尤其**當實線老闆的績效項目是制衡或防弊的時候，那麼防弊就必定比興利重要了**。

因此，矩陣式架構管理得不好的時候，產生的最大問題就是：

一、主要增值流程被切割細分；

二、「職、權、責合一」的程度大幅降低；

三、找不到「當責」的部門主管；

四、當績效出現嚴重問題的時候，找不到可以「槍斃」的人。

「職、權、責合一程度」如何量化？

如果以產品事業部門為例子的話，產品事業部一定是利潤中心，必須掌控營收與獲利兩件事。要掌握營收，一定要掌握「訂價權」，因為這是作為一個利潤中心主管的基本權利。要掌控利潤，則必須對成本和費用有發言權和決定權，倒未必需要自己直接管理。

這就如同採用外包的概念一樣，唯一不同的是，你對外部供應商還有多種選擇，但對內部供應商則沒得選擇。再加上人性對於「實線」和「虛線」的不同反應，就造成了內部供應商的整合與管理，比外部供應商來得更難的情形。

因此，「職、權、責合一程度」的量化，就變成了一個客觀的指標，可以決定利潤中心主管是否能夠「當責」。

＊ 編注：請參考《創客創業導師程天縱的專業力》一書中的〈金魚の糞〉。

我過去經常採用的方法，是以損益表中營運成本和費用的百分比來計算。例如實線掌握工廠，則掌握了「直接人工」和「製費」；掌握採購，則掌握了「直接材料」。至於其他的部分，就都是毛利裡包含「管、銷、研」（管理、銷售、研發）的費用。這樣一來，就可以計算出實線掌握「營運成本」的百分比，當作「職、權、責合一程度」的客觀指標和參考。

低毛利產業

如果是低毛利產業，通常是要靠低成本、高效率的生產製造來競爭，若用營運成本模式，則會低估了「管、銷、研」對「利潤中心」績效的影響。這個時候就要依照產業的情況，提高「管、銷、研」費用的「加權指數」，以取得平衡。

非「利潤中心」部門

對於非利潤中心或功能性部門的「職、權、責合一程度」，就無法用「損益表模式」來衡量了。通常我會建議，首先找出該部門的主要增值流程，然後畫出流程圖（flowchart），如果不知道怎麼畫流程圖的話，可以找ＩＴ部門幫忙。

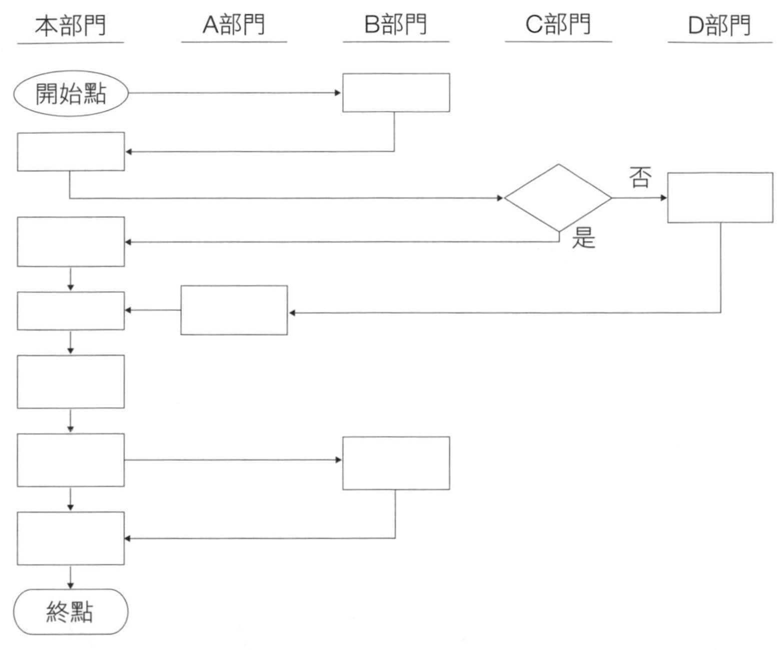

圖23-3：部門主要增值流程

如圖23-3所示，含起點和終點總共有十三個關鍵步驟，本部門占了八個，其他協同合作部門有五個。因此，「職、權、責合一程度」是六二％。圖23-3只是個示意圖，在越大的企業裡，組織架構越龐大，真實的流程要複雜許多倍。這樣的流程圖，叫做「鋸齒狀流程圖」（zigzag flowchart）。流程圖越長、越複雜、來回各部門越多次，代表的就是成本增加和效率下降，更重要的是職、權、責分離，導致「當責」的文化消失。

改善之道

主要增值流程圖是部門很重要的基礎，可以用於瞭解部門主要工作和部門存在的價值，不僅可以成為部門工作的SOP，而且會是很好的部門新人培訓工具。

鋸齒狀流程圖形成的原因很多，透過流程分析可以找出「不拉馬的兵」、*「打補釘」、「官僚主義」、「疊床架屋」等奇怪現象，然後再透過流程改善消除這些現象，進而降低成本、提高效率，建立「當責」文化。

改善之道就在三個步驟：

一、流線化（streamline）：首先把鋸齒狀的流程圖拉直，先不要管由哪一個部門負責。

二、簡單化（simplify）：將流程圖簡化、縮短，去掉不必要或重複的步驟，再考慮協同部門的必要性。

三、自動化（automate）：考慮系統化、自動化，只要是能上電腦系統的事，就由電腦來代勞。

經過這三個步驟的流程改善以後，企業經營者或部門主管將會發現，工作簡化了、速度加快了、費用降低了，「職、權、責合一的程度」也提高了。

結論

「當責」文化是每一個企業都在追求的目標，關鍵在於能否提高「職、權、責合一」的程度。

學術界提到「當責」時，通常只是一個概念，缺少具體可行的辦法，無法落實成為實務。就如同二〇〇五年六月，我在北京碰到惠普當時的新執行長赫德，他當時告訴我的「職、權、責合一」，也只是一個概念。他的做法就是裁員和精簡機構，自然將「職、權、責合一的程度」提高了。這就如同減肥一樣，短時間採取極端的手段來減肥比較容易，要長時間鍛練身體、維持身材就難了。

此外，除了長時間的堅持和毅力之外，也缺少一個量化的指標，來衡量是否達到「職、權、責合一」的目標。

* 編注：關於「不拉馬的兵」，請參考《創客創業導師程天縱的管理力》一書中的〈從「不拉馬的兵」談企業中的無用習性〉。

我總結過去的實務經驗，希望這篇文章能夠提供一個系統方法，來協助台灣企業建立起「當責」文化。

24 績效考核之七：如何設定部門的績效項目？

不論是KPI或OKR，如果不以「增值流程」的觀點來看的話，都只能淪為一個概念，很難用系統化的方法來垂直整合企業策略目標和最基層部門的績效目標。

「績效考核」這個系列的文章，談的都是「績效管理」，以及如何訂定「績效目標」。「績效目標」其實包含兩個部分：「績效項目」（performance item）和「量化目標」（measurable objectives）。

「量化目標」只要遵循「SMART」原則，*大致上不難，而訂定「績效目標」的難處，則在於如何為每個部門設定主要的「績效項目」。

* 編注：「SMART」原則是指：明確（specific）、可衡量（measurable）、可達成（achievable）、相關（relevant）、時限（time）。

讓我們回顧本系列文章的第一篇〈KPI，還是OKR？〉，其中對KPI和OKR的詳細解釋如下。

KPI

KPI是將企業的策略目標，細分拆解為各級部門可操作的工作目標，並以此為基礎，明確落實到各級部門人員的業績衡量指標。

KPI的目的，是以「策略」和「控制」為中心。公司的策略目標是長期的、指導性的、概括性的。而各職位的KPI則項目繁多，必須針對職位設置，並著眼於考核當年的工作績效。它必須具有可衡量性，而且是對「可控部分」的衡量。這個指標，將能夠更有效地控制個人行為。

OKR

OKR是透過設定目標（objectives）與關鍵成果（key results），藉以回答兩個最根本的問題：「我們想去哪裡？」、「如何透過調整我們在做的事，確保我們正朝那裡前進？」

從這些敘述之中，我們可以找到幾個關鍵詞：

一、策略目標；
二、拆解；
三、衡量；
四、控制；
五、調整；
六、成果。

如果從全面品質管理的角度來看，這些關鍵詞也都是「流程管理」所用的關鍵詞。我在「績效考核」系列的文章中反覆強調，每個部門都有主要的「增值流程」，而全面品質管理的核心理論基礎，就是：「任何事情的實施步驟，都可以用流程圖畫出來，而且每個步驟的產出都可以衡量。」

OKR的問題

OKR其實就是「目標管理」。「目標管理」最大的缺失，就是只強調目標和結果，而忽略了過程或流程，等到年底績效考核的時候，一翻兩瞪眼，如果目標沒有達到的話，已經來不及挽救了。

OKR的另外一個問題是，在績效目標方面並不重視、也沒有系統化的「拆解」方法。大企業的組織架構就像金字塔一樣，企業的策略目標通常是由金字塔頂端訂定的，而組織架構存在的目的，就是分工合作、層層負責。因此，我們必須把這個策略目標往下層層拆解，變成每個部門的「績效項目」——總不能讓中下層的部門主管，也都使用整個企業的策略目標作為自己部門的績效項目吧？

KPI的問題

KPI提到了策略目標，也提到了拆解，但並沒有系統化的方法，透過組織架構將企業的策略目標層層拆解到最基層的部門。

KPI還有最為人詬病的一些問題，包括「績效項目繁多」、「實施目的是要控制行為」等。一旦項目「繁多」，就稱不上是「關鍵」，而會變成非常瑣碎、複雜的例行檢查。而如果是著眼於「控制」的話，必定偏向除弊，而不是興利。這也難怪索尼歸咎於KPI，讓這家公司失去了創新的精神與激情的文化。

笨蛋！問題在流程

請容我引用一九九二年柯林頓（Bill Clinton）與老布希（George H.W. Bush）競選美國總統期間，受到廣泛引用的「笨蛋！問題在經濟」這句名言，並且稍做修改，以便強調在績效管理和考核時，無論KPI或OKR都解決不了核心的問題，重點是：「**笨蛋！問題在流程！**」

任何單位、企業、部門的存在，必定是要以「為目標市場創造價值」為目的，而能夠創造價值的過程，就是我反覆提到的「主要增值流程」。大部分的組織機構都知道要「做事」，但是未必有「流程」的概念。

只要是「流程」（process），都可以被拆解和細分成為「支流程」（sub-process），還可以設定產出的「績效衡量」（performance measures, PM），或是流程中間的「流程績效衡量」（process performance measures, PPM）。

通常來說，組織架構也是依照增值流程的過程和功能，而規劃設計出來的。因此，上層的「增值流程」就可以細分拆解成下層部門的「支流程」，而上層的「績效衡量」和「流程績效衡量」也可以很容易地拆解，成為下層部門的「績效衡量」。而這個「下層的績效衡量」，就是「部門的績效項目」。

因為下層部門都是從上層流程拆解出來的，因此每個部門的績效項目都會與上級完美結合。由於平行協同部門之間都隸屬於同一流程，因此彼此的「績效項目」也能夠完美銜接，不會產生矛盾。

產品事業部的例子

假設一個產品事業部本身是利潤中心，它的主要「績效項目」之一就是利潤，而我們都知道，利潤＝營收－成本。

從圖24-1可以看到，我們可以將營收設定為市場部門和業務部門的「績效項目」，將成本設定為負責生產製造工廠的「績效項目」。

對於支援功能部門，為了有別於主流增值部門，我們統一稱呼它們為「週邊部門」。如果與產品、技術、標準有關的，我們稱之為「武週邊」；與產品、技術、標準無關的，我們

圖24-1：多重產品線企業的產品事業部增值流程

稱之為「文週邊」。

「文武週邊」大都會以「投資報酬」作為其「績效項目」。這裡的「投資」就是部門的費用，它也是成本的一部分。只要控制好費用，就有助於增加利潤。而這裡的「報酬」，就是依據其部門功能，對營收產生的「加分效益」。

這樣一來，雖然每個部門的績效項目都不盡相同，但如果整體績效項目達成，都會有助於產品事業部的績效項目，也就是利潤的達成。

市場部與業務部分工合作的例子

收錄在《創客創業導師程天縱的專業力》中的〈明確定義市場區隔，是成功的第一步〉這篇文章提到，我們可以利用市場區隔的技巧，找到勝率較高的目標市場，然後在目標市場中透過線上廣告或線下展

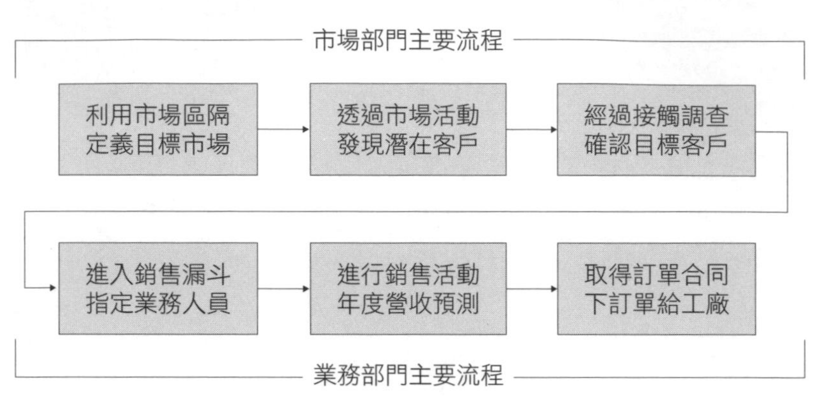

圖24-2：訂單產生流程

覽活動，來發現潛在客戶，並取得聯繫方式。

接下來，透過各種市場調查技巧，排除競爭對手和資料收集者，找到在年度內有預算、會購買產品的目標客戶。然後由市場部將目標客戶的資料和數據轉移給業務部門，放進銷售漏斗資料庫，以便於追蹤及統計。最後，透過業務部門指定的業務人員展開銷售流程，努力打敗競爭對手、拿到訂單。

以上就是一個簡單的「訂單產生流程」，請參考圖24-2。

為什麼叫做銷售漏斗呢？因為在銷售的過程當中，難免會發生不符合資格、不符合規格、不符合預算等的門檻事件，或是競爭不過對手而輸掉訂單。隨著銷售流程而流失目標客戶及訂單，就會形成一個上面大、下面小的漏斗形狀，而能夠通過漏斗底部流出來的，就是訂單，而目標客戶就成為真正的客戶了。訂單漏斗的流程示意圖請看圖24-3。

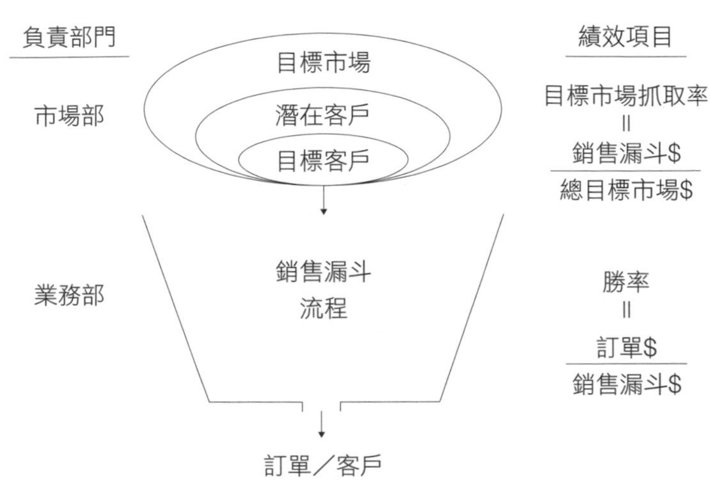

圖24-3：訂單流程示意圖

爭取訂單、產生營收的主要責任，就落在市場部和業務部的身上。但是，我很少用「訂單金額」來考核這兩個部門。主要的原因是，訂單金額的成長，是許多因素交互影響的結果，例如大環境的經濟成長、產業的發展、客戶本身營收的成長等，所以很難直接判斷績效的好壞。

「市場占有率」是一個比較客觀的績效項目，它可以排除掉外部環境及客戶本身的影響，真實反映出企業本身的努力和競爭力。市場占有率的計算公式，就如同圖24-4的績效項目拆解圖所示，以「全年度訂單金額」除以「全年度目標市場規模金額」。

透過訂單產生流程，我們可以將流程一分為二。首先由市場部負責在目標市場裡找到目標客戶，放入銷售漏斗，然後業務部努力經營

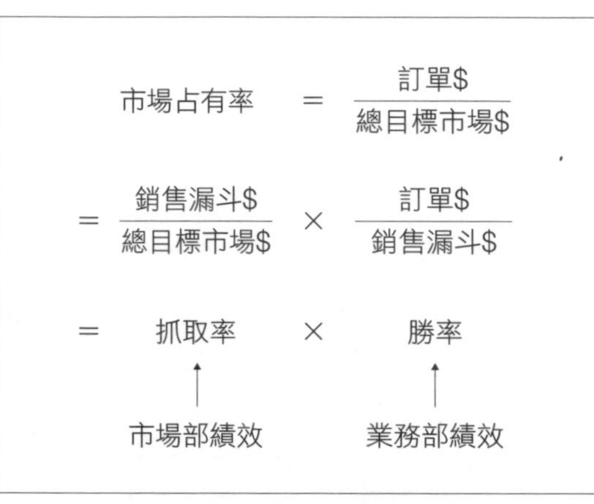

圖24-4：績效項目拆解

銷售漏斗，從中爭取到客戶的訂單。這樣一來，市場部和業務部的分工與合作就非常清楚了。

由於銷售漏斗也可以量化成為金額，因此在市場占有率的分子、分母之間，只要再加入一個銷售漏斗，就可以產生兩個績效項目。市場部負責的績效項目就叫做「目標市場的抓取率」（market capture rate），業務部負責的績效項目就叫做「打擊率」或是「勝率」（hit rate/win rate）。

結論

不論是KPI或OKR，如果不以「增值流程」的觀點來看的話，都只能淪為一個概念，很難用系統化的方法來垂直整合企業策略目標和最基層部門的績效目標。

如果不用「流程」的概念，也很難將上級的

績效項目橫向拆解給協同、分工、合作的每一個部門。流程的好處，在於可以圖表化、可視化，在過程當中可以訂定「流程績效衡量」，非常有利於分工合作。

同時，流程容易被優化、簡化，避免組織疊床架屋，也有益於前文中提過的「職、權、責合一」，進而建立起當責的文化。

如果真正瞭解了這篇文章中所分享的技巧與方法，讀者們就可以為自己的企業或部門畫出增值流程，訂定出合理的、有效的績效項目，以系統化的方式提升組織的效能和企業的產值。

25 績效管理誤區之一：正確的目標，才能引領正確的方向

企業經營者在選擇績效項目和訂定目標時，經常會犯下一些錯誤。作為「績效管理誤區」系列的第一篇，本文將幫助管理者瞭解錯誤的代價，並在之後的文章中提供解決之道，讓企業更正錯誤、訂定合理的績效目標。

「吐納商業評論」的主編，同時也是我的私人專屬編輯傅瑞德，在幫我編輯了前面「績效考核」系列的文章之後，發了封私訊給我：「我覺得績效考核系列的文章，一篇可以開兩小時的課，整個系列下來可以收至少十萬元的學費。從內容來看，我相信很多人光看文章會看不太懂，但如果親自講解，再加上例子的話，就會非常精彩。這門課的價值真的很高。」

分享管理心法

有幾位仍在大企業集團擔任高層職務的好友也私下表示，雖說認識那麼多年，但從來沒聽我談論過這些管理心法，他們也非常詫異，我居然願意在臉書上分享這些。他們認為，大部分的上班族臉書朋友，由於職位不夠高，或是服務的企業不夠大、不夠複雜，所以沒有面臨這些經營管理上的細節問題，因而無法理解或感受到這幾篇文章的價值。

如果只用文字和簡單的圖表，確實很難說清楚、講明白這些「管理心法」的應用和重要性。於是包括編輯在內的許多朋友，都紛紛主動建議我，要麼就開課，搭配一些案例和精彩的故事當面傳授；要麼就針對這個主題，再調查增補更多大企業的真實案例，另外再寫成一本書。

對於這些朋友的好意，我表示由衷感謝，但是退休六年半的我，已經習慣這種閒雲野鶴、自由自在的生活，實在沒有精力與時間去開課傳授。我更加沒有資源做大規模的企業研究調查，再配上理論和模型，寫成一本大堆頭的「管理學鉅著」。

我還是維持現狀，有空時就隨著思緒和感覺，一篇篇地在臉書上發表就好了。有些文章或許是「曲高和寡」，但應該也能達到「師父領進門，修行在個人」的結果。讀者或許今天不理解，將來晉升到經營高層，就會有感覺了。大家不都說「機會是給有準備的人」嗎？或許也可以這麼說：「能夠安然渡過難關的人，是那些知道難關在哪裡的人。」

首先，讓我們來談談管理者在訂定各部門績效項目時，經常會犯下的錯誤。

無差異化

許多經營者不知道是因為無知，或只是為了貪圖方便，將利潤中心、成本中心和費用中心，全部賦予「利潤」的責任。這種做法會產生幾個嚴重的問題：

一、內部轉嫁成本（internal transfer pricing）會大幅增高，導致最終的客戶價格失去競爭力。

二、增加內部的矛盾，部門之間無法分工合作。

三、內部供應商沒有競爭壓力，容易形成「理所當然」（entitlement）或是「拿來主義」：只懂得奪取，不懂得付出的企業文化。

開源與節流

其實在企業裡，每一個部門對利潤都會有所貢獻，但根據損益表所賦予的定位，都會使用不同的手段來達到「為企業創造利潤」的目的。

利潤中心必須同時兼顧開源和節流，成本中心則主要以節流為目的，而費用中心則以「提高效率與競爭力」為目的。開源就是增加收入，節流就是降低成本和費用。

只會降低成本的文化

台灣企業最為人詬病的，就是只會降低成本（cost-down），不會創造價值，尤其以代工製造業為代表。這種現象是怎麼形成的呢？

俗語說：「窮人的小孩早當家」，但衍生的問題是，窮人的小孩窮怕了，吃了這一頓，就擔心下一頓沒得吃，所以形成了低價搶單的現象。低價搶單的結果，就是低毛利、低利潤。要想增加利潤，就不外乎開源或節流兩種辦法。

假設產品價格一百元，毛利十元，營業利潤（profit from operations, PFO）兩元。要增加兩萬元的營業利潤，就要增加銷售一萬個產品，談何容易？

但是，如果能夠降低成本或費用，每一個產品降一元成本，這一元就直接進入利潤。如果年出貨量是十萬組產品，那麼利潤就增加十萬元。和增加銷量二〇%，利潤才增加兩萬元相比，降低成本是又快又好的方法。更何況，如果找供應商下手，對現有的供應商殺價、延長付款時間，或是換一個更低價的供應商，對於企業來講更是不費力氣。

這就解釋了為什麼許多台灣企業都喜歡採取降低成本的做法來增加利潤。可是長時間下來，這種做法反而會傷了企業的競爭力，更加無法創造價值、爭取價格的發言權。

追溯降低成本的源頭，就是來自於低價搶單；而低價搶單的原因，就在於窮怕了。降低成本不會造成低毛利，殺價競爭才是低毛利的主要原因。

解決之道

產品事業部是一個利潤中心，除了必須有訂價權、提高「職、權、責合一」程度之外，最重要的能力就是為目標市場的客戶與用戶創造價值，才能同時提高營收與獲利。*

工廠和採購是成本中心，在不降低產品品質的前提下，必須不斷透過提高生產效率、提升產品良率、提高稼動率、†自動化等方法，為企業降低成本，增加毛利率。

在我輔導過的企業當中，居然有經營者對於採購部門除了賦予「降低原物料成本」（節流）以外，還有「增加邊際貢獻率」（開源）的績效項目。結果可以料到：由於採購部門沒有產品訂價權，所以在原物料成本降低之後，握有產品訂價權的市場行銷部門立刻跟著降價搶單，以達成他們的業務目標。因此，負責節流的採購部門永遠達不到這項「開源」績效，反而造成採購和市場行銷部門之間的對立與矛盾。

大部分的文武週邊部門都是費用中心，不應該賦予他們降低成本的責任。正確的做法是以「投資報酬率」的方式，依照每個部門的「使命」，賦予他們提升效率和競爭力的績效項目。

例如，針對負責現有客戶的業務部門，我用「每一美元訂單的成本」（cost per order dollar，下稱CPOD）作為績效項目之一。CPOD就是以「整個業務部門的全年費用」，除以「部門全年達成的營業額」。換言之。就是每產生一美元的訂單，業務部門的費用是多少錢。

因為「現有客戶」是金牛（cash cow），而業務人員等於是守山頭，必須每年提高效率與競爭力、降低CPOD，以提供現金流給攻打「新客戶」的業務人員。在軍事上來說，

* 編注：這部分說明請參閱《創客創業導師程天縱的專業力》一書中「策略規劃」系列文章。

† 編注：稼動率是「實際工作時間」和「計畫工作時間」（負荷時間）的百分比。

「攻山頭」必須是「守山頭」五到十倍的兵力，對於守山頭的業務部門，我每年都要求必須增加市場占有率、降低CPOD。我的簡單方法（rule of thumb）是：

一、先決定明年營業額成長率（後續文章會提供方法）；

二、費用的成長率不得高過營業額成長率的一半；

三、人員的增加率不得高於費用成長率的一半。

舉個例子，就是如果明年營業額成長一〇%，費用只能成長五%，人員只能增加二．五%。

總結

企業經營層在績效管理方面，在選擇績效項目和訂定目標時，經常犯的錯誤總結如下：

一、不管部門的特性，賦予的績效項目都一樣，無差異化。

二、把每個部門都變成利潤中心。

三、利潤中心「職、權、責」分離。給成本中心訂了開源的KPI，給費用中心訂了節流的KPI。

四、不知道是不是為了要表現「團結力量大」，許多不同部門竟然有相同的KPI。

五、文武週邊不知道怎麼訂KPI，一視同仁要求降低成本。

六、用齊頭式的方法，要求每個部門都要降低成本。

我相信，台灣每一家企業或多或少都會犯了上述的錯誤。透過這篇文章，可以讓管理者瞭解錯誤的代價，之後再仔細閱讀我提供的解決之道，希望能夠幫助企業更正錯誤，對不同職能部門訂定合理的績效項目和目標。

26 績效管理誤區之二：管理是數字、藝術或是邏輯？

KPI經常為人所詬病的問題，就是太「數字化」，給人冷冰冰的刻板印象。但我們又常聽到「經營管理是門藝術」，讓人覺得不可捉摸，似乎要有點天分才能理解。然而，在數字和藝術之間，難道沒有一絲一毫的空間嗎？

前面〈如何設定部門的績效項目〉一文中，我列舉了「市場部與業務部分工合作」的例子，並且在圖24-4中示範如何拆解市場占有率，使其成為市場部負責的「抓取率」，以及業務部負責的「勝率」。

B2B或是B2C？

上面這個例子，比較適用於「針對企業客戶」，也就是一般所謂B2B的產品。這類產品通常是比較工業性的，單價比消費性產品高，使用上也複雜，所以需要業務人員的臨門一腳來贏得訂單。

若是消費性的B2C產品，普遍單價比較低，使用容易，不會用到高成本的業務人員，比較偏重的是線上的廣告行銷和線下的推廣人員，而這些都必須倚賴市場部的策劃。針對消費性產品，績效項目仍然可以拆解成為兩個：「知名度」（awareness）和「優選度」（preference），而這兩個績效項目仍然可以透過市場調查來得到精準的數字。

B2C的「知名度」，就相當於B2B的「抓取率」，意指消費者對於品牌的認知程度，或是聽過、知道這個品牌的百分比。而B2C的「優選度」，就相當於B2B的「勝率」，意思是，有些人雖然聽過甲品牌，但在購買時卻會買乙、丙等其他品牌，「優選度」就是知道甲品牌的消費者，在購買時仍然會堅持甲品牌的百分比。

所以，B2C產品的「市場占有率」就等於「知名度」（%）乘以「優選度」（%），就如同B2B產品的「抓取率」（%）乘以「勝率」（%）一樣。

案例一：低勝率，低抓取率

假設：今年市場的抓取率是三〇％，業務的勝率是二〇％，因此今年的市場占有率是

○．三×○．二＝六％。

產品事業部主管決定，明年市場部的預算加倍，力拚達到六○％的抓取率，而業務部預算則維持不變。那麼，明年的市場占有率會是多少？依據公式，明年的市場占有率是○．六×○．二＝一二％，這個答案對嗎？**不對，明年的市場占有率極可能低於六％**。

因為，在業務部預算沒有增加的情況下，業務人員也不能增加。因為抓取率加倍，所以明年每個業務負擔的潛在客戶數量也將加倍。在業務資源沒有增加的情況下，業務的勝率必定大幅下降。所以，明年的市場占有率極可能比今年的六％還要差。

正確的做法是，應該找出「低勝率」的原因，包括改善產品、改進銷售工具，或是做好業務培訓等。總之，務必將業務的勝率提高到大於五○％。換言之，在勝率這麼低的情況下，不應該提高市場的抓取率。

案例二：高勝率，低抓取率

假設：今年市場的抓取率是三○％，業務的勝率是六○％，因此今年的市場占有率是○．三×○．六＝一八％。

事業部主管決定將明年的市場行銷預算增加五○％，同時為了平衡市場部和業務部的攀比心態，遂將兩部門的預算都各增加五〇%，然後將明年市場占有率的目標從一八%增加到二七%。

這種做法對嗎？答案是，在真實世界，許多績效目標與預算之間的「投資報酬率」並不是線性的數學關係，尤其是想要再提高實際上已經很高的績效項目時，例如從七〇%到八〇%時，並不是「增加七分之一的預算」就可以達到的。這就是「報酬遞減法則」（law of diminishing returns）。

正確的做法是，應該將大部分的預算投入市場部，大幅增加市場的抓取率，而業務部的預算只要足夠維持六〇%的勝率即可。**在訂目標時，還要考慮到「效率」每年都要提高，不可原地踏步**。

案例三：高勝率，高抓取率

假設：今年市場的抓取率是七〇%，業務的勝率是七〇%，因此今年的市場占有率是〇．七×〇．七＝四九%。

事業部主管決定將明年的市場行銷預算增加五〇%，以便擴大營收，他應該怎麼做？建議的做法是，在任何一個目標市場的市場占有率達到接近五〇%時，「報酬遞減法則」的現象一定會出現，也就是說，在這個目標市場的「投資報酬率」一定會大幅下降。這時候，我們應該利用「市場區隔」的方法，找到並進入一個新的目標市場，以達到增加營收的最高投資報酬率。這樣還可以分散風險，不會把雞蛋全部放在一個籃子裡。

結論

KPI是個很好的「數字管理」工具，尤其用在績效目標的設定與考核上，因為目標必須能夠量化，才能考核。然而，**KPI只能顯示結果，對於流程的改善、策略的訂定和資源的分配，幫助並不大**。

經常有人說：「管理是一門藝術」，也有幾分道理。因為管理者時時面臨著太多變化，尤其是在「流程管理」時，很難以單一的數字來化繁為簡，因此才會出現「管理是藝術」的看法。但是，以藝術的方式來做績效管理，就容易造成「人治」，也就是因人而異，使得屬下無所適從的狀況。此時，可能會形成獨裁為公、一言堂的文化，也可能出現無政府狀態（anarchy）或自由放任狀態（laissez-faire）的結果。

我曾經說過：主管的責任，就是在「制度」與「彈性」之間，取得一個最佳的平衡點。在績效管理的領域，似乎也可以修改為：**在「數字」與「藝術」之間，取得一個最佳的平衡**

點。這時候，主管就需要有很強的邏輯能力來做判斷與決定。

本文的重點，是以實務上的三個案例指出慣用「數字管理」的主管容易踩入的誤區：如果只以簡單的線性數字方法來訂定策略和分配資源，就非常容易忽略「人、事、物」之間的複雜性與邏輯性。

27 績效管理誤區之三：年度業績目標數字是怎麼來的？

許多老闆都沒有耐心去理解市場分析，反而喜歡「隔空抓藥」，迫使下屬接受不合理的年度業績目標，使得訂定目標成了上下之間爾虞我詐的例行公事。老闆們是否該反思一下，重新考慮採用市場分析模型來訂定合理的目標？

明年要做幾台？

在一個年度業績目標會議中，發生了以下這段老闆和產品事業部主管（假設是陳博士）之間的真實對話。

老闆：「陳博，你的工業機器人明年準備做幾台？」

陳博：「報告董事長，十萬台。」

老闆：「投資了那麼多年，十萬台也敢說出口？再說一次！」

陳博：「報告董事長，我們明年做二十萬台。」

老闆：「我有沒有聽錯？二十萬台？我們自己集團內部要用的，都不止這個數目了。再說一次！」

陳博：「報告董事長，我們明年做四十萬台。」在幾次來回問答之後，數字終於上升到一百萬台。

老闆：「這個數字是你說的喔，我沒有逼你喔，你做得到嗎？」陳博士猶豫了約莫半分鐘。

陳博：「報告董事長，我們一定要做到一百萬台！」話題轉到別處之後，突然老闆又回頭問主管。

老闆：「陳博，去年全球工業機器人出貨多少台？」

陳博：「報告董事長，去年全球廠商總共銷售了二十多萬台。」

老闆：「怎麼不早說！」

陳博：「……」

這就是真實世界的「實務」。大家或許覺得很好笑，但現場的高階主管們沒人敢笑出來。這種現象，在台灣企業界也是司空見慣、見怪不怪了。

市場到底有多大？

確實有許多企業在訂定次年業績成長目標時，都有如「隔空抓藥」，成長數字毫無根據，但憑老闆一己之意志而決定。負責業務的主管也常常會說：「不管去年做得多好，新年度開始時一切歸零。」因此，也難怪業務部門主管在年底時，經常會藏點訂單在抽屜裡，對於老闆憑空想像的年度業務目標，也全不當一回事。

那麼，到底要怎麼訂定新年度的業務目標才合理？要怎麼樣，業務部門才能有可行的計劃去達成？**首先要瞭解「目標市場」到底有多大**。

收錄在《創客創業導師程天縱的專業力》的〈明確定義市場區隔，是成功的第一步〉一文中，提到了「目標市場」一詞，也簡略提到了「市場區隔」這個名詞，現在就讓我們來仔細瞭解一下目標市場的結構。

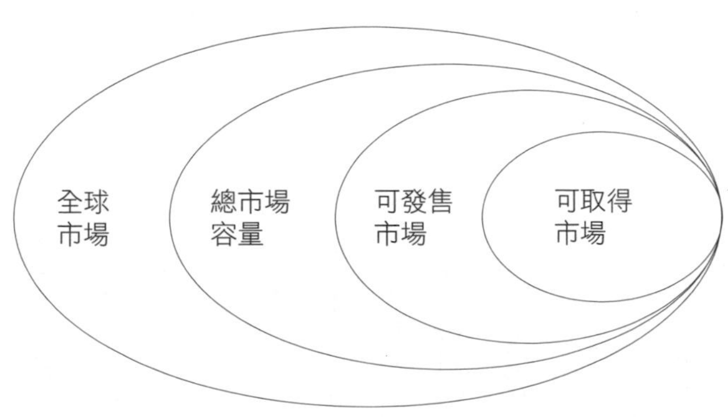

圖27-1：市場有多大？

目標市場的結構

如同圖27-1所示，在產業界的分類之下，有所謂的「全球市場」(potential available market, PAM)，泛指你的產品類別在全球市場的總量。但是很少有企業能提供產品類別中的所有細分產品，並且可以銷往全球市場，因此市場規模就縮小為「總市場容量」(total available market, TAM)。例如你的產品只針對台灣市場銷售，那麼「總市場容量」就只計算台灣市場的總量。

接下來就是，如果在這個產品類別中，你的企業並未提供所有規格的產品，那麼就只能計算本企業所提供產品的市場規模，也就是「可發售市場」(sales addressable market, SAM)。最後，即使有了明確的目標市場「可發售市場」，但受限於種種因素，有些細分市場是無法進入的，如果排除掉這些細分市場，剩下的就是可以進入、有產品提供、有競爭對手存在的市場，那就是「可取得市場」（serviceable and obtainable market, SOM）。

以工業機器人的產品類別為例，又可分類為：多軸機器人、水平多關節機器人（selective compliance assembly robot arm, SCARA）、坐標機器人、串聯和並聯機器人等。每一個類別又可以依重量、大小、速度、精密度、應用等，再加以細分。

以企業所能提供的產品分類和地區，就可以定義出「總市場容量」與「可發售市場」。但是在「可發售市場」裡面，可能有些細分市場會因為資格問題而無法進入，例如國防軍工，或者是應用技術無法做到，例如軟體演算法無法滿足需要取料（bin picking，指機械手臂撿起並分類不規則物件）的物流市場等。排除掉這些無法進入的細分市場，剩下的就是「可取得市場」。有的企業規模比較小，資源有限，還可以用市場區隔的技巧進一步切割「可取得市場」，直到找到勝算最高、投資報酬率最大的市場為止。

在計算「總市場容量」或「可發售市場」的規模時，大致有三種方法：

一、由上而下（top-down）：引用產業研究報告和數據。

二、由下而上（bottom-up）：使用自己企業過去的銷售量和數據去推估。

三、價值推算（value theory）：依據產品為客戶創造的價值和產品價格，預測市場的替代性。這個方式通常用於創新產品。

對於一般企業來講，「可取得市場」或是目標「市場區隔」最重要，因為市場行銷計劃就是針對這個來做的。在做年度市場行銷計劃時，必須先往外看，瞭解客戶需求、銷售通路、競爭對手產品等；也必須往內看，瞭解自己產品功能、團隊核心能力、核心競爭力等條件。

眾裡尋他千百度

「總市場容量」和「可發售市場」有如茫茫人海，需要透過市場部門的行銷活動，有效率地找到「潛在客戶」（suspects），然後先過濾掉只是來要資料，或是競爭對手派來探路的人，再確認確實有採購預算，最後剩餘的人就成為「目標客戶」（prospects）。

接下來這些「目標客戶」資料就進入銷售漏斗，由市場部門移交給業務部門。業務部門再進入銷售流程，與競爭對手進入肉搏戰，希望能透過臨門一腳來贏得訂單。

如圖27-2所示，在「總市場容量」和「可發售市場」的茫茫人海中，找出「潛在客戶」，然後篩選出「目標客戶」，最後由業務部門贏得訂單，將「目標客戶」轉換成「正式客戶」（customers）。「潛在客戶」到「目標客戶」到「正式客戶」的整個轉換過程，都是在「可取得市場」裡面進行的。

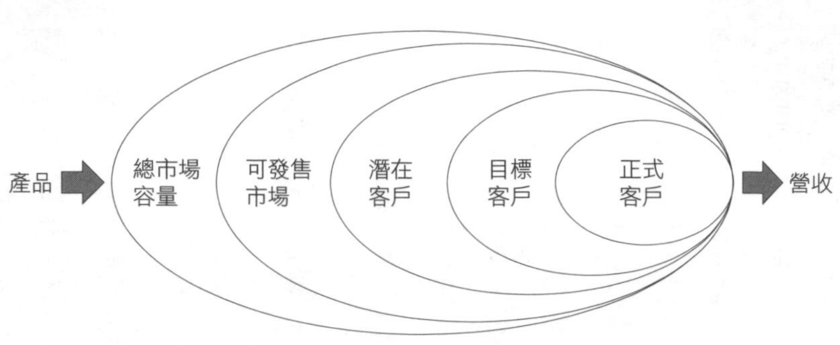

圖27-2：產品、目標市場、營收

由市占率決定業績目標

請參考前文〈如何設定部門的績效項目〉文章中，「市場部與業務部分工合作的例子」圖24-2「訂單產生流程」和圖24-4「績效項目拆解公式」。以本文的「市場結構」概念來顯示，就是圖27-3。

市占率可以用數量或金額來計算。本文一開始時所用的真實案例，是以六軸工業機器人的「可發售市場」數量為基礎，來訂定次年的銷售目標。

由於六軸工業機器人已經是個「成熟期產品」，對於「總市場容量」或「可發售市場」的年度市場出貨量，都可以用前述的「由上而下」或是「由下而上」模式來預測。

如果年度出貨量約二十多萬台，縱使該集團自己大幅採用，因而可能衝高「可發售市場」的數量，然而對外銷售的數量也不可能超過二十萬台，因為競爭對手們不會坐以待斃，而失去他們的市場占有率。合理的做法是，以自

圖27-3：市場占有率

己內部採用的數量，加上原本的市占率的數量作為基礎，然後再將目標往上提升一點，以增加挑戰性。

很不幸的是，大部分企業的老闆對於合理、合邏輯的市場分析，都沒有耐心去理解，反而喜歡以老闆的權威和意志力，以「隔空抓藥」的方式迫使下屬接受不合理、無來由的業績目標。於是，每年一度的業績目標訂定，就變成了「上有政策，下有對策」、老闆與下屬之間爾虞我詐的例行公事了。

雖說作為屬下，對於老闆給的不合理目標不應該拒絕，而是最好告訴老闆，你自己需要什麼樣的資源，才能達到這個不可能的目標。但是以這個六軸工業機器人的真實案例，就算大羅金仙下凡也做不到，就算是下達「軍令狀」，簽署「生死狀」，還是做不到，也難怪「業績目標訂定」就變成了每年都要唱一次的大戲了。

身為企業領導者的老闆們，是否應該反思一下，重新考慮採用科學化、邏輯化的市場分析模型，來合理訂定年度業績目標？

28 績效管理誤區之四：怎麼訂定有效的年度業績目標？

「怎麼訂定明年的業績目標」不僅是業務部門的事，包括市場部門、供應鏈、生產製造、文武週邊，甚至企業經營者都應該關注。上一篇談到用市場占有率來評估市場行銷部門的績效，可以排除外部大環境與產業經濟因素的影響，因此比較客觀。但這適用於新創公司嗎？

宏觀與微觀

用市場占有率來評估市場行銷部門的績效，或許對規模較大的企業有用，但對於小公司或新創企業則不是那麼重要。因為，景氣再怎麼好，都有企業會倒閉；景氣再怎麼壞，都有企業會賺錢。

對於小型或微型企業來說，總體經濟就如同長江浩浩蕩蕩，我只取一瓢飲，就算江邊擠了再多人，多半也與我無關。作為小公司，其實可以不必太在意總體經濟形勢分析，像是中美貿易大戰，或是全球保護主義興起之類的議題。

即使是塊硬骨頭，小微企業的目標就是「求生存，爭發展」，專心啃好自己的一塊硬骨頭，才是硬道理。

明確的數字目標

對於大型企業，縱使採用市場占有率來衡量績效比較客觀，但仍然需要訂定一個明確的業務數字目標，小微企業亦然。因為不管企業規模大小，都需要有個年度預算作為費用的依據，經營者也都必須懂得量入為出的道理，而這個「入」，就源自於「營收」。

在財務三表的損益表中，最重要的就是營收，又叫做top line，沒有營收就不會有獲利，獲利又叫做bottom line。因此，每年年度計劃中最重要的事，就是決定「營收目標數字」，以這個數字為基礎，才能展開各種成本、費用的預算編列。

市場結構

首先請參考上一篇的圖27-1「市場有多大？」，介紹了目標市場的結構，從最大的「全球

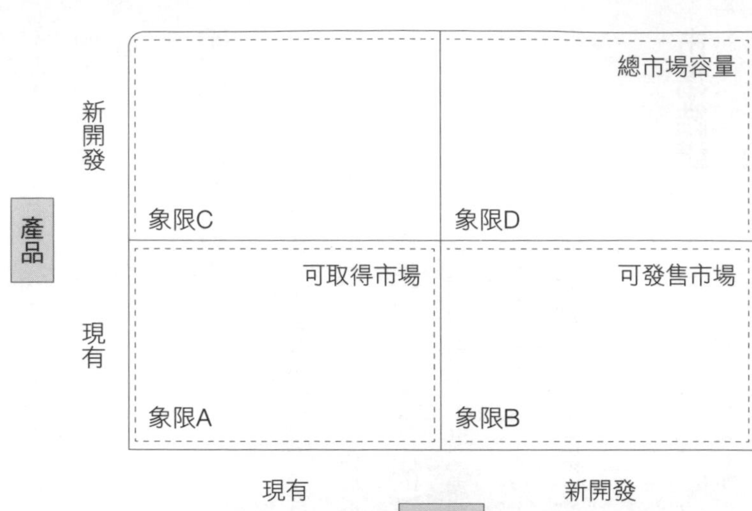

圖28-1：營收業績成長策略圖——市場結構

市場」，依次縮小為「總市場容量」、「可發售市場」、「可取得市場」。

為了方便接下來介紹「營收業績成長策略」，我們把市場結構「洋蔥圈」模型，轉換成四象限模型圖。請參閱圖28-1。

縱軸是「產品」，分成「現有」產品和即將「新開發」的產品；橫軸則是「客戶」，也分為「現有」目標客戶和等待「新開發」的客戶。如此一來，模型就出現了四個象限，分別以A、B、C、D代表之。

- 「可取得市場」（serviceable and obtainable market）就是以現有產品「可取得的市場」，只占有象限A。

- 「可發售市場」（sales addressable market）就是以現有產品「可發售市場」，由象限A和B構成。

「可發售市場」和「可取得市場」的區別，在於「可發售市場」中有部分市場受到了證照、關稅、專利、法律、環保等非技術和產品因素的壁壘，成為暫時無法取得的市場或客戶。

- 「總市場容量」（total available market）就是由企業定義的產品類「總市場容量」，包含了可銷售出貨的「現有產品」和尚待開發的「新開發產品」。由A、B、C、D四個象限所構成。

在上一篇文章中提到，「年度行銷計劃」是針對現有產品、現有目標市場客戶所做的行銷計劃，主要就是針對「可取得市場」。

步驟一：訂定目標抓取率與勝率

企業可以選擇以「總市場容量」、「可發售市場」或「可取得市場」之一作為分母，來計算市場占有率。一般來說，企業都會以較容易從產業市場分析報告中取得的「總市場容量」或「可發售市場」作為依據。

至於「可取得市場」，因為其變異性大、競爭對手之間也難以一致，所以很少人會用「可取得市場」作為衡量市占率的依據。但是，因為「可取得市場」已經排除了短期內業務無法施力的客戶，所以用它來作為年度行銷業務計劃的基礎，還是比較實際。

接下來我們就要談談，具體的「年度業績目標」要如何訂定。首先請參考前文〈管理是數字、藝術或是邏輯？〉中「市場部和業務部分工合作」的案例，提到了「**市場占有率＝市場抓取率×業務勝率**」。

該文中提供了三個不同的案例，讓事業群主管以預算投入的回報程度，來決定要提高市場部的抓取率，或是提高業務部的勝率。請參考附圖28-2。

與其用「隔空抓藥」或「拍腦袋」的方式，以老闆的身分強押出一個年度業績目標數字，還不如以我文章中建議的科學方法，分別和市場部門、業務部門討論，找出要達成提高之後的「抓取率」與「勝率」目標，所應該採取的行動計劃與預算投入。當三方達成共識之

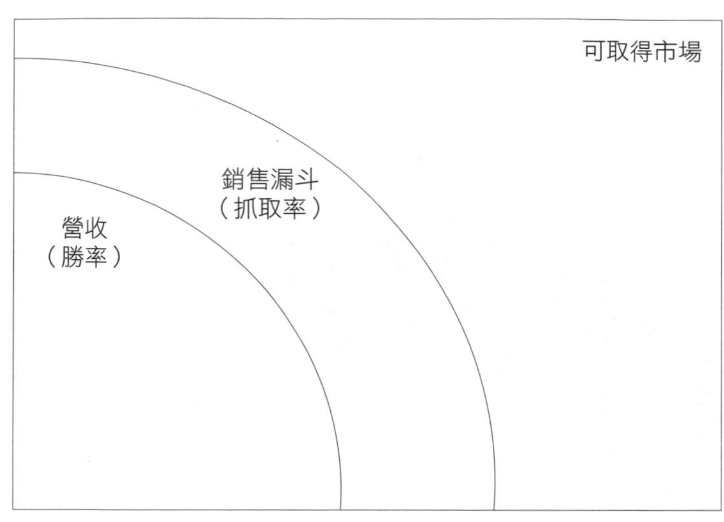

圖28-2：年度行銷業績目標訂定——可取得市場

後，就可以很容易地計算出「年度業績目標數字」：**年度業績目標＝「可取得市場」×抓取率×勝率**

步驟二：年度產業成長加權

到這一步為止，我們都使用本年度的「可取得市場」，還沒有考慮到產業大環境變化對明年度市場規模的影響。因此，我們可以參考許多產業分析報告對明年產業規模的預測，通常可以從中得到「總市場容量」或「可發售市場」的成長率（或衰退率）。

如果得不到這些資訊，或是對產業分析報告中所提的預測不是很同意，那麼也可以在自己現有的客戶當中，找尋規模比較大的幾家去做意見調查，對於明年的景氣或市場預測，他們肯定有自己的想法。依照八〇／二〇定律，這種推測方法的準確性也滿高的。

因此，將由步驟一所得到的年度業績目標數字，乘上「1＋預測明年產業成長比率」或「1－預測明年產業衰退比率」，所得到的就是明年最終的「年度業績目標數字」。

總結

本篇文章介紹訂定明年「年度業績目標數字」兩步驟方式，舉的例子對於B2B類的經營者來說，應該是比較容易理解的。如果是B2C類型的公司，則請參閱前文〈管理是數字、藝術或是邏輯？〉提到的方法，以「知名度」和「優選度」來取代「抓取率」和「勝率」，結果是一樣的。

在訂定「年度業績目標數字」時最重要的事情，是產品事業群主管必須要很深入地與市場部、業務部討論，瞭解需要什麼樣的策略與行動計劃，才能達到預期的目標抓取率和勝率。這些策略和行動計劃，不僅會影響到市場部和業務部，也非常可能會牽涉到研發、工程、生產製造、文武周邊等部門的協同與合作。

在有限的資源下，產品事業群主管必須做最好的選擇與判斷，才能夠共同訂出一個具有最大「共識」，而又實際可行的年度業績目標數字。

29 績效管理誤區之五：如何訂定平衡短、中、長期的年度業績目標？

「現有客戶」是企業最寶貴的無形資產，許多新產品的構想、新技術的研發、新的市場需求與痛點，都來自忠誠的現有客戶。但客戶的建議是否能成為企業發展的方向，是否能帶來新的商機，則必須靠企業自己分析與判斷。

維傑・高文達拉簡（Vijay Govindarajan）和克里斯・特林柏（Chris Trimble）兩位美國的知名商學院教授，共同撰寫了一篇標題為〈執行長的開創執行力〉（The CEO's Role in Business Model Reinvention）的文章，發表在二〇一一年一月號的《哈佛商業評論》（*Harvard Business Review*）上。這篇文章呼籲企業執行長們，都必須在「商業模式再造」上扮演重要的角色。他們建議執行長在做年度策略與計劃時，都要以「三個盒子」的做法，來平衡新舊和長短期的目標。

簡單地說，所謂「三個盒子」的做法，是指執行長在規劃年度策略和專案的時候，要兼顧三種分類，然後把這些策略和專案，分別裝在三個不同類別的盒子裡，分別是：

- 盒子一：守成（manage the present）；
- 盒子二：除舊（selectively forget the past）；
- 盒子三：布新（create the future）。

我發覺這個做法非常實用，而且並不是專為大企業高層主管所設計的。它適用於任何組織、任何規模、任何層級的主管。用來延續本系列文章的主題「如何訂定年度業績目標？」當然也是適用的。

在象限A裡的守成

在前文〈怎麼訂定有效的年度業績目標？〉中，我介紹了市場結構的四個象限，其中，針對現有產品及市場，我建議採取兩個步驟來制訂明年度的業績目標。但是作為一個負責制訂目標，並且執行達成的業務主管，不能只著眼於「現有產品」和「現有客戶」的短期目標上。這個部分在圖29-1中，標示為象限A，在「三個盒子」模式中，就是「盒子一」的「守

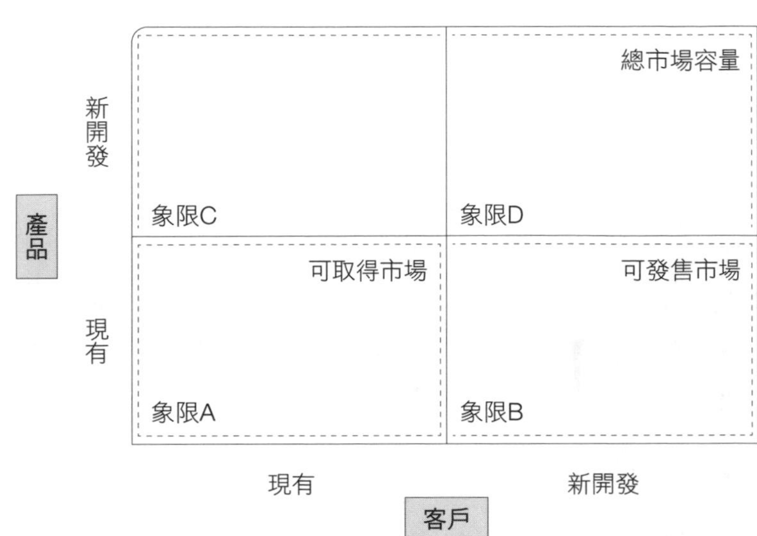

圖29-1：營收業績成長策略圖——市場結構

成」。

如果你的高度夠，或是你的職責需要負責盈虧，那麼在象限A裡只做到「守成」是遠遠不夠的，至少還必須達成兩個目標：

一、擴大在現有產品和現有客戶的「市場占有率」；

二、提高在象限A裡的「效率」。

關於提高市場占有率，在上篇文章已經詳細說明過，這裡就不再贅述。至於提高效率方面，我通常採用的做法，是對於業績、費用、人員的成長率以對折方式訂定。例如明年預定的業績成長率是二○%，那麼費用的成長率就不得超過一

○%，人員的成長率就不得超過五%。

因為象限A的業績是「守山頭」，並且要擔任「金牛」（cash cow）的角色，以提供足夠的現金與資源去「開疆闢土」，否則企業無法「布新」、無法發展，所以才會有守成不易的說法。詳細的「守成」方法，請參閱前文〈正確的目標，才能引領正確的方向〉，在「解決之道」的段落中，就提到了「文武周邊」的效率提升。

布新

根據市場結構的四個象限圖，新業績的開發來自「攻擊」象限B與象限C。

一、象限B：現有產品進入新客戶

以現有產品打入以往無法取得（unobtainable）的客戶和市場，也就是從象限A往象限B擴展，就必須移除「非產品和非技術的障礙物」，例如執照、許可、專利、法律、政策、保護、地域性、通路等。這通常要靠業務、市場、法務、政府公關等部門的協同合作才能達成。在企業界，為了攻克這種特定客戶或細分市場，通常都會成立一個特別團隊，例如霹靂小組（Special Weapons and Tactics, SWAT），給予一定的成員、費用以及跨部門協調的權力，以達到有時限的業績目標。

二、象限C：從現有客戶中找到新產品開發的需求

收錄在《創客創業導師程天縱的管理力》中的〈偷雞也要蝕把米〉一文，提到以三個問題來判斷對客戶降價是否能有回報：

- 「雞」在哪裡？我要很詳細地知道後續的「機會」在哪裡？後續的「機會」有多大（量化）？
- 雞要怎麼「偷」？我要詳細的「偷雞」步驟和行動方案。
- 除了這次的降價之外，我們究竟還要「蝕」多少米？我要知道在後續「偷雞」行動過程中，我們究竟要「蝕」多少米（投資多少金額）？

同樣的模式，我也經常用在「是否要為現有客戶或市場開發新產品」的決策上。

「現有客戶」是企業最大、最寶貴的無形資產，許多企業的新產品構想、新應用開發的

驅動力、新技術的研發、新的市場需求與痛點，都來自「忠誠的現有客戶」。但是，來自現有客戶的這些寶貴建議，是否能夠成為企業發展的新方向，是否能夠為企業帶來新的商機模式，則必須要靠企業自己分析與判斷。

「偷雞也要蝕把米」是一個很直接、很容易溝通的模式，可以在我們滿足現有客戶的需求之外，評估是否有更大的市場值得進入和如何進入。畢竟企業經營者必須對營收和獲利負責任，也要為企業未來的轉型升級預做規劃。

三、象限D：新客戶新產品

象限B和象限C的開拓，有人稱之為「相關多角化」（related diversification），它的「相關」是來自「產品」或「市場」的相關性。至於進入象限D，業界則稱為「非相關多角化」（unrelated diversification）。

企業多角化經營是一個非常重要的策略問題，有許多因素及不同的模式來分析、判斷，但這些不在本系列文章探討的範圍。

本系列文章是從「訂定年度業績目標」的角度，探討業績成長的來源和優先順序。象限B和C尚可從業績成長的角度，帶動「相關多角化」經營的機會，但如果要進入象限D，就

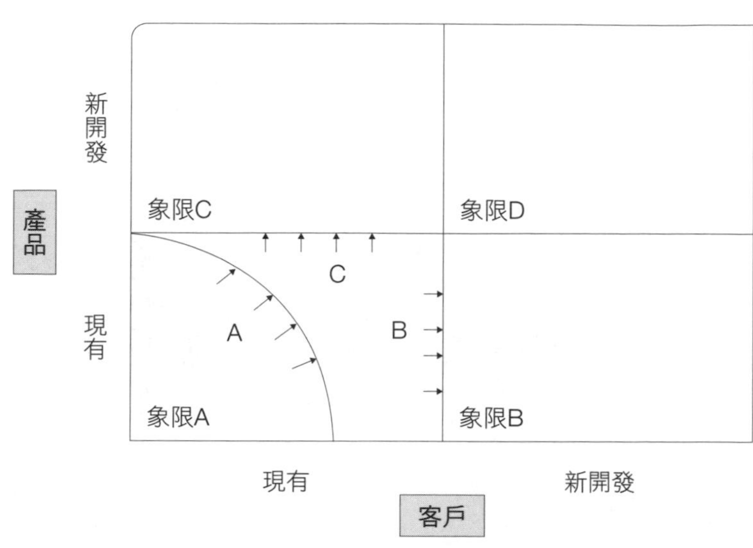

圖29-2：營收業績成長策略圖——優先順序

很少是從「業績成長」的機會來探索，通常只會在「企業策略」的層面來思考。

訂業績目標的優先順序

把圖29-1結合上述「三個盒子」模式、多角化的論述，可以畫出圖29-2。

一、首先依照前文〈怎麼訂定有效的年度業績目標？〉介紹的方法，決定象限A的業績目標，就如同推動A弧線，增加業績和市場占有率。

二、接著往右推動象限A和B的分隔線，也就是將現有產品打入新客戶、新市場。

三、然後往上推動象限A和C的分隔線，也就是說，從現有客戶得到新需求，開發新產品滿足之。

在訂定明年度業績目標時，依照A、B、C的順序，分配資源、訂定業績目標，如此一來就可以兼顧長、中、短期的業務發展，並且協助企業帶來「相關多角化」的商機。

Part 4

組織與流程

30 談人事之一：成長與接班的策略步驟，是不一樣的

企業在建構人事體系時，有許多不同的方法與步驟，而郭台銘所主張的「定策略，建組織，布人力，置系統」，正是其中的經典範例。然而許多企業在仿效的同時，卻忽略在成長到接班階段時，潛在接班者必須瞭解的心法：將這個順序反過來做。

企業建構人事體系的順序

郭台銘所主張的「定策略，建組織，布人力，置系統」，次序不可搞錯，要注意以下來自「郭語錄」的步驟：

一、定策略：就是決定要做什麼「事」（方向），什麼時候做（時機），做到什麼地步（程度）。

二、建組織：設計組織架構時，先考慮「事」的流程、分工與合作。

三、布人力：有了組織架構後，再考慮最適合做此「事」的人的「輪廓」，再挑選最符合此輪廓的人選。如果人事體系一開始就考慮特定的「人」，這種組織架構設計就叫做「因人設事」。

四、置系統：就是將做「事」的流程自動化，減少行政裁量權的空間，進一步排除「因人而異」的可能性。

以上的原則，無論是產、官、學、研的各種組織架構，都可以適用。

企業的組織架構植基於其價值觀與文化

網路上流傳一張圖，以簡易又有趣的方式呈現美國矽谷六家大企業不同的組織架構風格，包括：亞馬遜、Google、臉書、微軟（Microsoft）、蘋果和甲骨文。*在臉書上的一位朋友陳右儒，在也是網友的許庭耀轉介下，對前面的這個論點和這張圖發表了他的意見：

* 編注：圖片出處：http://bit.ly/ORGchart，或掃描條碼：。

我不是微軟的人，不過我必須說一下那張有趣的組織圖是二〇一一年時期的，二〇一四年新執行長納德拉（Satya Nadella）就任以來（已經四年多囉），微軟的績效評估系統已經徹底不同了，從封閉的「由上到下」（top-down）文化，變成擁抱嶄新的成長思維（growth mindset），體現出納德拉的領導風格。

同時他也附上一篇文章的連結。* 這篇〈你如何扭轉一家十三萬人的企業的文化？問問納德拉〉，確實值得細讀、咀嚼、思考。

自從二〇一四年納德拉接任執行長之後，微軟確實有很大的改變。這也證實了一件事：企業的價值觀與文化，會影響到工作的流程，從而影響到組織架構。

讓我們再回到先前介紹過的「企業文化洋蔥圈」模型（另請參閱《創客創業導師程天縱的專業力》一書中的文章〈好的經營者必須能預見未來〉）。

在上一節中，輕輕點到了這個模型第二層「願景與策略」中的「策略」部分，以及第三層「目標與管理」中的「管理」部分。第二層的重點是，除了使命、願景之外，就是「具有競爭優勢的策略」。第三層的重點是管理，而管理的目標就是建立一個「有執行力的組織」。

「定策略」屬於洋蔥圈的第二層，「建組識」、「布人力」、「置系統」則屬於洋蔥圈的第三層。郭語錄的這四句話，巧妙地把洋蔥圈模型的第二、三層連結在一起，而我只不過

＊編注：文章連結：http://bit.ly/MSFTNadella。

企業文化的架構

圖30-1：企業文化的洋蔥圈模型

是以「人」與「事」為主軸，用另一個角度來闡述。

從右儒分享的這篇文章中，可以看出納德拉首先做的改變，就是微軟的企業文化與願景，而這是上一節中沒有提到的。謝謝右儒的提醒，讓我藉機補充，加上價值觀、使命與願景對策略與管理的影響，而微軟就是一個活生生的例子。

接班人的培養

雖然說「定策略，建組織，布人力，置系統」的次序不可搞錯。**但在第二代或專業經理人的接班培養階段，則必須反過來做。**

原因很簡單，這四句話符合郭董開疆闢土的性格，霸氣十足，因此適合創業家或新事業，這是開創階段的重點工作，次序不得顛倒。至於接班人，因為是要承接事業的，所以必定要知道「不在其位，不謀其政」的道理。但是，這句令人耳熟能詳的話也並非一定如此，重點在於「接班人」的身分。

低調：世界是公平的，當你得到了權位，就很容易失去初心。能夠獲選為接班人，必然得到高層的培養與觀察。此時切勿得意忘形，得罪了紅眼冷視的各個山頭，應該一秉初心，贏得同僚們的信任與尊敬。

戰功：尤其是身為二代的接班人，身邊圍繞著都是隨著創業者打天下、身為「家臣」的長輩，視其權位來自「世襲」，此刻，接班人所缺乏的就是令人信服的戰功。

心態：尤其是身為專業經理人的接班人，不似二代具有不可撼動的「世襲」地位，而且通常是「非唯一」的接班人，因此經常會面臨競爭，為了面子問題而會出現患得患失的現象。專業經理人經常有著「最後一戰」的壓力，希望畢其功於一役，因而在心理上採取「有限賽局」的態度，然而一旦失敗，只有辭職求去一途。在過去四十年的職場上，我見證到太多例子，最後坐穩高位的人，往往都不是最被看好的人選，正是因為沒有心理負擔，才能有「無限賽局」的心態。

如果要將「定策略，建組織，布人力，置系統」的次序倒過來，實際上該怎麼做？對於接班人又有什麼好處？

一、置系統

當組織成長壯大之後，諸如部門間的連結、新舊系統的相容性等方面，多少都會出現問題。隨著主管更替、人員流動，更會出現許多「不拉馬的兵」和「可要、可不要」的虛功，接班人很容易就可以發現改善的機會。

組織對於任何改變都會抗拒，但是系統不會反擊，從「系統」的角度入手，會讓接班人瞭解「事」的運作與細節。

二、布人力

從「事」的改善，可以看出「人」是否適任。這時可以開始布局中、低層「能動手做事」的人，以引進年輕化、科技化、做實事、有執行力的人才與新血為目標。適合的人才可以加速系統的改善、績效的提升，以及世代的交替。

三、建組織

循下而上，在內部阻力小的情況下，也會立下些許戰功。接下來高層會有期待，接班人也應該接受外部的挑戰，建立組織、開疆闢土。在大多數的企業裡，只有開拓新市場、擴大營收、增加獲利，才能被視為立下戰功。而接班人在瞭解系統、引進人才之後，可以主動請纓擔任產品線主管，以便建組織、立戰功，往後也才能服眾。

四、定策略

在接班人培養期間，多少會有機會參與企業經營的決策會議，目的是讓接班人瞭解權力核心的運作，以及決策的模式。參與會議時，應該多觀察、多傾聽，除非被點名發言，否則不要急著表現自己。

因為大企業中有許多歷史造成的做法，有的看似是「不拉馬的兵」，有的看似是「打補釘」，可是補釘下掩蓋的是什麼？在不瞭解的情況下，急於求成只會傷害自己。因此「定策略」一定是反過來做的最後一個步驟。

結語

以上的道理，不僅適用於二代和專業經理人的接班過程，對於由外部空降進來的高層，其中的一些步驟也可以參考。

如果不是反過來做的話，就仗著「接班人」的身分，在接班前急著在「策略」上給意見、做改變，結局就會如同一本書的書名：《抱歉，我搞砸了你的公司！》

31 談人事之二：切忌讓企業組織成為「一罐蠕蟲」

未經仔細思考，就採用了錯誤的內部合作或解決問題方式，很可能會從此打開「一罐蠕蟲」，意思是：看似彼此支援合作，其實只是互相補位、呈現出問題都已經解決的表象，卻從此連成一串、導致更多問題。

某企業舉辦春酒，三位負責產品線的副總難得聚在一起。只見A副總愁眉深鎖，於是B副總問：「你在煩惱什麼？」A副總答：「最近供應鏈老是出問題，影響到幾個大客戶今年的生意。」B副總說：「供應鏈我最內行，可是我們公司還沒有形成規模，缺乏這方面的競爭力。這樣吧，你的供應鏈部門交給我來管理，一次解決雙方的問題。」於是A副總二話不說就答應了。

B副總接著說：「家家有本難念的經啊，最近我們幾個大客戶催著我要趕快拿到ISO認證，可是我的品質部門不爭氣，連續兩年沒有通過。」在一旁的C副總連忙接著說：「這個認證我們最拿手，找的外部顧問也是真的專家，一次過關。不如這樣吧，你的品質部門交給我來管，我幫你們想辦法過關。」於是B副總也立即稱謝不已。

C副總回過頭來又跟A副總說：「我聽說甲客戶和乙客戶的董事長及高層，你們特別熟悉，賣了不少產品給他們。但是，我的業務部門老是攻不進去。這樣吧，你既然有B副總幫你供應鏈的忙，要不我把這兩個客戶交給你，由你來負責幫我們銷售，如何？」A副總也二話不說地同意了，於是皆大歡喜。

團隊精神

在一旁的總經理特助，將以上的對話從頭到尾聽了個清楚，於是在春酒之後找了個時間，向總經理報告了這些談話內容。總經理感嘆地說：「我們公司多虧有個好團隊，願意互相幫忙、主動合作，看來今年的業績還會長紅。」

這樣的企業，真的是一個值得讚賞、具有團隊合作精神的企業嗎？幾位副總或許很有團隊精神，但是他們不知道，他們的所作所為正在「打開一罐蠕蟲」（open a can of worms），同時也在建立一個「由一罐蠕蟲組成」的組織架構。

一罐蠕蟲

照字面意思來說，a can of worms 就是「一罐蠕蟲」或「一罐蚯蚓」的意思，通常用來形容一堆麻煩事，或是複雜而難解決的棘手問題。

「打開一罐蠕蟲」這句話，可以從幾個不同的角度來理解，最常見的解釋是：雖然你試著解決問題，但卻讓事情變得更複雜，甚至使問題變得更加嚴重。例如這個說法：「腐敗是很嚴重的問題，可是還沒有人願意觸及這個難題。」（Corruption is a serious problem, but nobody has yet been willing to open up that can of worms.）

所以「一罐蠕蟲」的意思，就是當你開始解決一個問題時，這個問題會帶出一連串的其它問題。

「一罐蠕蟲」的組織

三位副總私下的協議，造成了一個「一罐蠕蟲」的組織架構：打開鐵罐看看，每一個空間都塞滿了蠕蟲，就好像每件事情都有人在做。當一條蠕蟲移動了，因而騰出空間來，就立刻會有其它蠕蟲補位填滿。

可是，企業經營的目標不止是「把事情做了」，還要考慮「是否做了對的事情」、做得是否有效率、是否有競爭力、是否為客戶創造了價值？

打開了潘朵拉的盒子

就算這三位副總是出於善意，互相分工、互相合作，短期內應該可以解決現實碰到的問題，那麼，為什麼還要說他們像是「打開一罐蠕蟲」，或說「打開了潘朵拉的盒子」？因為，這樣的「互助」方式會造成：

一、「職、權、責」分離。請參閱前面〈「職、權、責合一」是企業成長的強心劑〉兩篇文章。

二、組織高層都活在舒適圈內，只做自己熟悉的事，無法學習進步。久而久之形成文化，遲早會被淘汰。

三、典型的「因人設事」，如何培養能力相同的接班人？

結語

如果以一條橫軸來衡量組織的固化程度，那麼最固化的一端應該是「政府機構」，而另外一個極端應該就是「一罐蠕蟲」的組織。**固化的組織會形成官僚文化，而「一罐蠕蟲」的組織會形成幫派文化。**

「一罐蠕蟲」的組織架構在華人世界中並不少見，而且起源倒是較少由企業主管發動，大多是由最高權力者發動。主要原因是這些老闆不尊重專業，加上權力的展現、隨時改變組織架構，使得經理人無法發揮專業，也使得專業經理人無法生存。

企業經營者不可不慎，切勿打開那罐蠕蟲！

32 談人事之三：東西方升遷因素中的「人」與「事」

對於一般上班族而言，最關心的事情之一應該是升遷，只要能夠升官，薪資也就會跟著調高。然而在大企業中想要升遷，除了把「事」做好之外，「人」的影響力也不能忽視。

寫了兩篇談「企業中的人與事」之後，似乎給了讀者「事比人重要，所以不要因人設事」這樣的訊息，不過要是讀者們有如此印象的話，那我可就誤導你們了。**在企業經營管理中，其實人與事是同樣重要的。**

人對企業的影響

這種「只要我規規矩矩做好『事』，幹麼要去經營『關係』？」的心態，不僅許多上班族有，連不少大企業的經營者也有。

規規矩矩做事、正正當當經營是正確的，也是值得鼓勵的。但如果因此忽略了「人」或「關係」的影響力，當「意外」發生時，往往會求助無門而吃大虧。我擔任獨立董事的兩家企業，最近都遭遇意外狀況，而有求助無門的切身之痛。

相對於華人企業比較重視檯面下的「人脈」或「私人關係」，歐美跨國企業就比較重視檯面上的「公共關係」，所以大多設有「政府關係」（government relationship）、「投資人關係」（investors relationship），以及「媒體關係」（press relationship）功能的部門。

人對升遷的影響

我在職業生涯之中，在兩家外商、一家台商服務過，也與許多東西方企業深入接觸過。我不僅對東西方企業的價值觀與文化有深刻理解，也對管理規章制度的差異做過仔細比較。

西方國家的價值觀比較重視人權，也反映在企業文化上，所以管理風格偏向人性化。而東方國家的價值觀比較重視威權，在企業管理方面也是如此，因此比較強調服從性與忠誠度。

就上班族的升遷而言，最具影響力的人當然還是直接老闆，接著是公司高層和人資部門。不過，**同事和屬下的意見往往也不容小覷**。

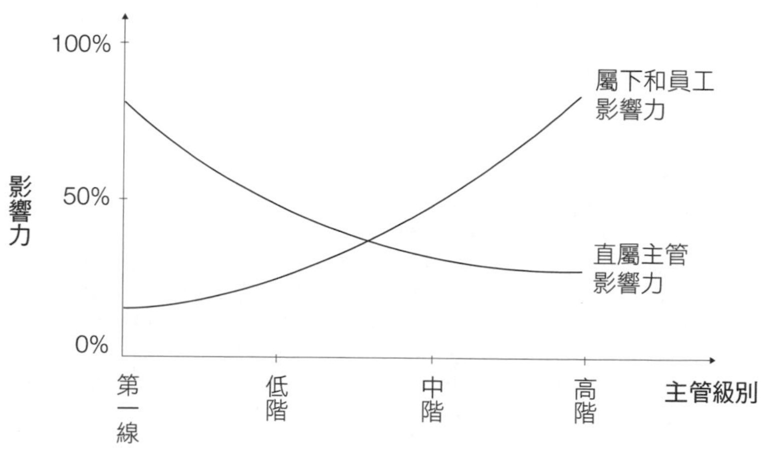

圖32-1：對升遷的影響力——西方企業

本圖僅為示意簡圖，未必完全精確

由於文化的差異，在東西方企業工作，並且面臨升遷決定時，不同群體的影響力就會有所不同。在職場待久了，尤其在外商和台企都待過的人，就會體會到其間的微妙差異。在這邊，我就針對直接老闆和屬下的影響力來做個比較。

以下試著用圖32-1來解釋西方企業在主管升遷時的兩股影響力。

在低層主管的進一步升遷決定上，直屬老闆有最大的決定權，而被考核人的屬下和同事的影響力比較小。主要原因在於，被考核人的級別（job level）比較低、工作範圍（job scope）比較小，因此屬下和同事的級別比較低、人數比較少，影響力也不大。

但是，隨著被考核人的級別越來越高，被考核人在企業內的能見度（visibility）越來越高，屬下與同事的影響力就越來越大。在「以人為本」的西方企業裡，被考核人的直接老闆就必須更加尊重「民意」。當要遴選執行長的時候，不僅要傾聽民意，「被考核人是否更能代表企業的價值觀」更成為最後決定的關鍵。我在收錄於《創客創業導師程天縱的專業力》中的〈願景背後的權利該為誰服務？〉一文裡，就提到過惠普的故事，有興趣的讀者可以參考。

東方文化重視威權，社會的穩定建立在不平等的架構上，因此直接老闆的決定權，自然比屬下和同事的影響力要來得大。而來自更高層的看法也更重要，才能形成一條鞭的領導。

與西方企業最大的差別，在於被考核人職位越高，來自上級的影響力與決策權就越大。基於同樣道理，被考核人的屬下和同事也都心知肚明，所以往往不會表態，只會服從上層的決定。所以如圖32-2所示，越往金字塔的頂端走時，兩股力量的差距就越大。

結語

本文只是分析和分享，基於不同價值觀與文化而產生的「現象」，沒有評論優劣的意思。

在台灣的上班族，可能在本地企業上班，也可能在外商企業服務，都希望能夠有所表

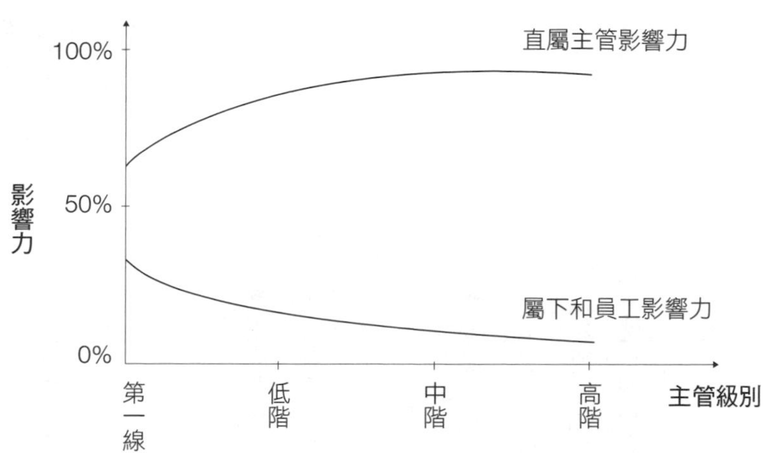

圖 32-2：對升遷的影響力——東方企業

本圖僅為示意簡圖，未必完全精確

現和發展，得到老闆的賞識和升官發財的機會。在做好本身負責的「事」之外，也不能忽視了「人」的影響力。

在台企上班的話，老闆是你工作績效的主要裁判，要經常站在老闆的立場，用同理心去感受老闆的需求，然後去滿足他。在外商，尤其是在歐美企業上班，如果只是一味地聽從老闆的指示、滿足老闆的需求，而忽略了與同事、屬下的團隊合作關係，甚至處處樹敵，那麼即使工作績效再好，可能升遷機會也輪不到你。

更重要的是，上班族難免會有跳槽的機會。進入新公司後，先學習、觀察權力核心的運作，不要以為每家公司都一樣。尤其是在東西方企業之間轉換的時候，更是必須特別注意！

33 談人事之四：流程先，還是組織先？

在企業中，是流程先或是組織先？孰輕孰重？這個問題很難有一個明確的答案，但我還是要投機取巧地說，兩者都重要。因為，依據產業別、產品別、上下游的不同，會有不同的看法。

我從過去輔導創業團隊的經驗中得知，大部分的創業者，在創業前都已經先有了「產品」的構想，而且在成立公司之前，都已經有了試做出來的「樣品」。所以一旦成立公司，最重要的事就是先「建組織」。這種重視產品和組織的創業想法，和我所推崇的「定策略，建組織，布人力，置系統」的優先順序和做法，是有些不同的。以下就針對這些差異，做一些說明。

策略不等於產品

許多創業者認為，「定策略」就等於「找產品」。這種說法其實太簡化，所以容易走入「技術／產品導向」的陷阱，而不是「市場導向」的正道，甚至面臨產品銷不出去的窘境。

正確的做法應該是先有目標市場，找到「客戶」和「用戶」尚未被滿足的需求或尚未被解決的痛點，然後再根據創業團隊的核心能力定義產品，這時候才會出現接近現實需求的產品輪廓。如果創業者一開始就決定了產品，要麼就是坊間已有類似的「me too」產品，市場也大多是紅海；要麼就是跳過了前面幾個重要步驟，變成一個毫無策略規劃的產品，找不到目標市場的客戶和用戶。

關於對客戶和用戶的理解，在《創客創業導師程天縱的專業力》書中的〈明確定義市場區隔，是成功的第一步〉一文中有詳細的解釋，有興趣的讀者們可以閱讀參考。

流程先，還是組織先？

產品可以是實體，也可以是服務。依據產品種類和數量的不同，包括生產模式、製造流程、交付方式和售後服務等後續事項也就不盡相同。這些觀念，在《創客創業導師程天縱的管理力》一書中還有兩篇文章可以參考，分別是〈亞洲製造移回歐美真的好嗎？〉和〈跨界才能創新——談談製造業和服務業的生產方式〉。

這些模式與流程的差異，都會影響到部門之間的分工與合作。因此，企業的組織架構如果設計得好，就可以大幅提高管理效能和生產效率，進而提升企業的競爭力。此外，組織架構也會連帶影響到管理溝通、財務架構、電腦網路架構等。追究源頭，最主要還是產品、產業、流程的差異所造成的。

案例：儀器設備vs.半導體

就以我服務過的惠普公司和德州儀器為例，惠普公司是以儀器起家的，*產品包括電子測試儀器、醫療儀器、化學分析儀器等。這些儀器設備都屬於「少量、多樣、高單價」產品，整機組裝和測試大都採用「作坊生產」或是模組化的「批量生產」模式。

在我加入德州儀器公司時，雖然公司名字當中有儀器兩字（英文則是一個字instruments），但是當時已經轉型為半導體產品為主的公司。在過去半個多世紀中，半導體產業的製程都遵循著「摩爾定律」（Moore's law）在發展。†除了晶圓不斷加大以外，晶片也越來越小，結果是產能不斷提升，生產設備也越來越貴，單一工廠的資本投入越來越大，進入門檻越來越高。雖然生產模式仍然是「批量生產」，事實上每個批量產出的晶片都是非常驚人的「大量」。

當然，儀器設備和半導體晶片還有一個最基本的差別，那就是前者屬於產業鏈下游的最終產品（end equipment），後者屬於上游的關鍵零件（key components）。越往下游的產品越靠近用戶，在應用發展的驅使之下，就越走向垂直細分與多樣化。越往上游的原料越遠離應用，就會越來越量產通用化，以達到「雞蛋不放在一個籃子裡」的效果。

這兩個比較極端的產品或產業，自然生產模式與製造流程也大不相同，影響所及，相關的組織、管理、財務、網路等架構也就不同。

* 編注：惠普公司後來分拆為儀器（安捷倫，Agilent）和電腦（惠普）兩家公司。安捷倫後來將半導體事業部分拆出去，叫做「安華高」（Avago）。安捷倫之後又分拆成為兩家公司，化學分析儀器仍然叫做安捷倫，電子測試儀器叫做「是德」（Keysight）。

† 編注：摩爾定律是由英特爾共同創辦人高登．摩爾（Gordon Moore）所提出的，意指積體電路（integrated circuit, IC）上可容納的電晶體（transistor）數目，約每隔兩年會增加一倍。

管理模式

在早期以儀器設備為主流的惠普公司，產品應用及產品系列垂直細分化，因此每個產品系列自成一個獨立事業部，擁有自己的研發、製造以及市場部門。再加上惠普「人性化管理」的價值觀，所以每當事業部超過兩千人時，就會再細分產品線，分列為兩個事業部。當時惠普的兩位創辦人認為，事業部總經理應該盡量認識所有員工，並且把他們當成家人一般地照顧，所以事業部規模應該遵循「小而全」的原則。

當時的管理模式以「目標管理」為主，主管與部屬之間的溝通與交流，則以面對面的互動方式進行。每一到兩個星期，主管就必須安排時間，與每個部屬進行一對一的交流，我們當時把這個活動叫做「當面聊」（get together）。

我在一九九七年離開惠普，加入德州儀器公司擔任亞洲區總裁。當時的德儀不再是初創時期的石油探勘儀器設備公司，而已經轉型為全球知名的半導體公司。由於產業特性使然，德州儀器雖然也採用產品事業部的模式，但事業部只能擁有自主的研發、設計、市場功能，晶片的生產製造、封裝測試、全球銷售，則統一由總部中央直接管理。

如果說惠普儀器時代的管理模式是授權、分散式的管理，德儀採用的則是中央集權式的管理。這個差異在具體的經營操作上，就有明顯的不同。

例如每年底的次年營收、獲利、預算的預測與規劃，惠普與德儀都是採取由下而上的匯總。然而如果上下層的意見不同，兩家公司的解決方法就不一樣了。惠普在事業部層級以下，會透過討論、協商，達成共識。在總部層面，則是尊重事業部的計劃，整合匯總為全公司的數字。

而德儀內部有一個名詞叫做「裁量」（judgement），也就是由下而上的數字管理。上層主管只會將部屬報上來的數字作為參考，主管有極大的「行政裁量權」去做最終匯總數字的「調整」，最後再將這些調整過的數字往上呈報。因此，最後到達執行長層級的計劃數字，都是**經過層層「調整」**（也就是「裁量」）**的資訊，已經完全失真**。當然，最終的數字就由執行長拍板定案。德州儀器的這個決策過程，完全體現出中央集權的管理模式。

在主管與部屬之間的溝通與訊息交流方面，德儀與惠普也截然不同。我在加入德儀不久之後就發現，每個星期都有以我名義發給我老闆的電子郵件週報，這在德儀內部叫做「每週報告」（weekly report）。這個週報行之有年，功能類似惠普的「當面聊」，就是部屬對主管的工作報告，只不過惠普提倡面對面的交流，而德儀則採用文字報告的形式。因此，我助理的工作之一，就是把我所有部屬的週報進行篩選和剪貼，變成我發給老闆的報告。

網路架構

企業在產品製程、產業特性，以及價值觀與文化方面的差異，會體現在許多方面。大到策略與組織架構，小到目標訂定與溝通交流。如果仔細觀察，可以發現許多細節的差異都源自於此。最後我再舉一個非常重要，但是鮮少有人注意到的例子，這對全球經營的跨國企業尤其重要，那就是「全球電腦網路架構」。

網路架構就好像人體的神經系統，負責所有訊息的傳遞與指令的下達，但這個系統往往藏身在IT部門裡，許多企業的「長字輩」層級都不太重視。雖然現在許多企業都設有資訊長（CIO）的職位，然而在最高策略經營會議時，很少有資訊長報告的機會，這讓資訊長好像是花瓶一般的擺設，更別說其職責的一部分的「網路架構」了。

先為讀者們說明一下，電腦網路架構也有人稱之為「網路拓樸」（network topology），大致有線形（line）、匯流排（bus）、環狀（ring）、星狀（star）、樹狀（tree）、網狀（mesh）、混合式（hybrid）等，詳細的區分說明，讀者可以參考維基百科的定義。

有些人用不同的名稱，甚至更複雜的變化產生更多架構，但主要的分類可以用兩種型態作為代表，如圖33-1。

「星狀」架構就是標準的中央集權模式，所有的節點連結到中心的總部，代表了獨裁、

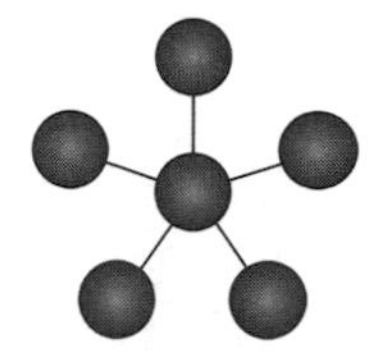

中心化的「星狀」架構

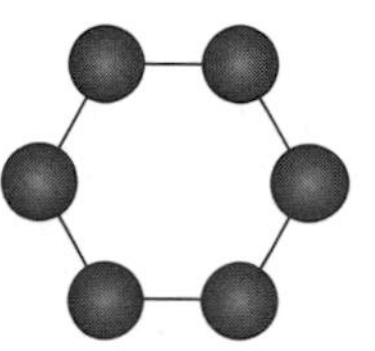

去中心化的「環狀」架構

圖33-1：兩種典型的網路架構

中心化，而「環狀」架構就是授權分散式，包括總部在內的所有節點都在一個圓圈上，代表了平等、去中心化。但是，隨著企業的全球化、規模化，節點或據點不斷增加，而且受到政治、法規、環境、成本等因素的影響，網路架構也越來越複雜，要很仔細才能看出最初始的架構。有趣的是，惠普和德儀最底層、最初始的網路架構，事實上完全符合了各自的產業特性，以及產品製造流程的模式。

結語

在企管碩士或EMBA的課程中，可以學習到很多經營管理的理論，這其中許多課程都已經是模組化，或許有些是必修，有些是選修，不一定都會學到。但**在真實世界裡，跨國企業的經營管理是個整體**，從核心價值、企業文化、策略、願景、產品、技術、組織架構等，到規章制度、潛規則、行為舉止，彼此之間都息息相關，無法切分成模組、分成必修或選修的課程。

流程先或是組織先？孰輕孰重？這個問題很難有一個明確的答案，但我還是要投機取巧地說，兩者都重要。因為，依據產業別、產品別、上下游的不同，會有不同的看法。

流程就是「事」，組織就是「人」。有時候我感覺到這兩者互為因果、互相影響，我泥中有你，你泥中有我。這也是我這個系列文章以「人事」為主題的原因。

成功的企業未必都知道這些「人事」的道理，但不代表這些道理不存在、不重要。反過來說，如果企業的經營者明白了這些道理，成功的機會是否會更大？至少會少繳許多學費、少走很多冤枉路，不是嗎？

34 談人事之五：資金？業師？台灣的新創需要什麼？

說到「台灣的新創需要什麼」，許多從事新創輔導的專家們會認為是資金和業師，但我對這個問題有些不同的看法。關於資金和業師這兩件事，我在〈過多的資源，也可能變成吞噬創業者的魔鬼〉一文中，*已經談過「過多的資金反而加速了新創公司的滅亡」，那麼就用這篇文章來談談業師。

我的業師經驗

從二〇一三年開始輔導新創之後，我因為擔任總部位於深圳的香港上市公司顧問，機緣巧合一頭栽進創客運動。當時接觸的新創團隊，大多是在深圳創業的創客，而他們的創

* 編注：〈過多的資源，也可能變成吞噬創業者的魔鬼〉請上網參閱：http://bit.ly/TUNA12183。

業領域和產品，大部分都是瞄準物聯網中的「智慧終端」。當時我認為，創客創業最主要的問題就是流程，也就是前文所說的「事」。創客有熱情、創意，樂於分享、開源（open sources），而且願意動手實踐，把產品（應該說是作品）做出來。

有許多創客認為，他們所做的作品，就是彼得．提爾（Peter Thiel）二〇一四年出版的暢銷書《從0到1：打開世界運作的未知祕密，在意想不到之處發現價值》中所說的「從〇到一」。當創客將作品商品化，進而實踐創業時，最大的挑戰就是「量產」，也就是建立供應鏈，以及隨後的生產製造。當時我也相信這種說法，因此盡力運用我的人脈幫這些創業的創客們找供應鏈、找代工廠商。

設計流程

但是我很快就發現，其實他們的作品根本稱不上是「從〇到一」中的「一」，正確來說應該是「〇．一」，這也就是為什麼我把他們的創意叫做「作品」，而不是「產品」。因為在那個階段，甚至連「樣品」都還談不上。通常我們會把文藝創作叫做「作品」，這個說法的含意是，原創作品是不可以複製的，也就是不能夠量產的，例如書法、繪畫、雕塑、建築等都屬此類。

創客可能來自各行各業，未必懂電子、機械、硬體或軟體，他們只想動手將自己的創意構想「做」出來。像是位於深圳的Seeed Studio、上海的DF Robot等公司，就是專門提供模組，讓創客們透過簡單組裝來證明創意的可行性（proof of concepts）。然而，他們這樣做出來的……

在製造業有個詞：「設計考慮某項目的需求」（design for X, DFX），當中的「某項目」（X）可以是製造、品質、測試、成本等。也就是說，這些都是在產品設計階段就必須考慮到，甚至是已經決定的因素。

沒有經過設計訓練也沒有實作經驗的創客，他們設計出來的「作品」大多並不符合「設計規範」（design rules），這也是無法量產的另一個原因。簡單地說，就是他們不懂得設計流程，也不知道怎麼做好「設計」這件事。於是我幫這些新創找到的代工夥伴，不但要提供供應鏈服務和製造代工（就是所謂的「代工帶料」服務），而且要提供幾乎重新設計整個產品的服務，也就是說，代工廠商除了不出產品創意之外，幾乎等同於「原廠設計製造」（original design manufacturer, ODM）。

行銷流程

進入商品化的環節之後，新創公司就必須去融資了，因為必須付錢給供應商、必須準備好成品庫存、必須開始廣告行銷，這些都會累積對資金的需求。沒想到，這反而加速了新創公司的失敗，進而結束他們的創業之旅。主要是兩個原因：「沒人買」和「不會賣」。

「沒人買」是因為他們的產品沒有目標市場、沒有抓到客戶和用戶的需求或痛點，因此他們的產品都是屬於「可有可無」（nice to have）的類別。有興趣深入瞭解這一點的讀者，請參考收錄在《創客創業導師程天縱的專業力》一書中的〈明確定義市場區隔，是成功的第一步〉這篇文章。

「不會賣」則是因為他們不懂得如何建立用戶社群、建立線上與線下的銷售通路、經營品牌，也不會處理客訴和售後服務等，而這些也都屬於創業「做事」的範疇。

還有許多新創公司熱中於群眾募資，幾乎到了「迷信」的地步，特別是將產品放上在歐美非常出名的Kickstarter和Indiegogo等募資網站。我一再跟他們解釋，群眾募資只能為他們的產品試水溫，再加上一點廣告效果，但不能取代通路。

因為在募資網站上購買的人，大部分都是技術（或高科技產品）的早期採用者。艾弗列特．羅傑斯（Everett Rogers）在一九六二年出版的《創新的擴散》（*Diffusion of Innovations*）一書中，*將這些人稱為「創新者」（innovators），而在傑佛瑞・墨爾（Geoffrey Moore）出版於一九九一年的《跨越鴻溝》（*Crossing the Chasm*）一書中†，則稱之為「技術狂熱者」。

但無論叫做什麼名稱，這些創新者都只占市場客群的二・五%。創業者瞄準的目標應該是主流市場、追求能接觸主流市場客戶和用戶的通路，而不是募資網站上的客戶和用戶，因為這兩種市場對產品的需求是非常不同的。很不幸的是，很多新創公司的寶貴資源，包括資金、人力、時間，都浪費在群眾募資上，而這也是造成許多新創公司滅亡的原因之一。

完美的業師存在嗎？

古人說「百工百業」，當今時代何止是「萬工萬業」？因此，即使我有三十多年的工作經驗，也僅如長河中的一瓢水，但對於還在上企管碩士或ＥＭＢＡ課程的朋友而言，或許可以發揮拾遺補闕的效果。

我在過去七年之中，輔導了近六百個新創團隊，大部分是我熟悉的高科技產品領域，但

---

* 編注：一九六二年為英文版出版日期，繁體中文版在二〇〇六年發行。
† 編注：一九九一年為英文版出版日期，繁體中文版在二〇〇〇年發行。

我仍然跌跌撞撞地犯了許多錯誤，因此輔導的方向也不斷地修正與改變。同時我也在這個過程中，學到了很多新技術、新產品，以及新的商業模式。

這世界上有沒有完美的業師存在呢？這個答案應該很明顯。有些業師號稱可以輔導各行各業的新創，但也只能在各個行業的共通部分提供建議和輔導，而這些共通的部分，也就是企管碩士、EMBA、商學院所提供的課程了。

我看過許多育成中心的業師名單，其中不乏創業有成的企業家，或是產、官、學、研的知名人士，他們在各自的專業領域中都有傑出的成就，是令人欽佩的專家。每個業師的個性和人格特質都不盡相同，尤其成功的創業家們除了個性之外，在經營管理方面的策略、方法、過程等方面，也都有獨到之處。

然而，如果換成今天的時空環境再來創業，他們也未必能夠存活，即使存活下來，成就也不見得相同。因此，閱讀成功企業家的傳記，或許能夠為新創帶來一些啟發、改變一些觀念，但是無法保證取得同樣的成功。**自己的創業需要自己去摸爬滾打，自己的挑戰需要自己去克服。**

結語

我還是堅持我的看法：台灣的新創需要的不是資金和業師。即使挹注再多的資金、找到再好的業師，創業的成功率還是非常低。我一向反對有人鼓勵在學的學生創業，更反對政府提供補貼和資金，因為這些措施降低了創業的門檻，只會增加更多註定失敗的創業者，更進一步降低創業的成功率。

作為新創，必須要先學會做「事」，然後找到合適的「人」，才能增加創業成功的機率。

那麼，政府能做什麼？如果在創業者還不懂得如何做事（流程）、如何找人（組織）的情況下，就舉辦創業競賽、提供創業補助金，只是濫用納稅人的錢，鼓勵許多創業者去當炮灰，這是非常錯誤的做法。政府該怎麼做呢？收錄在我《每個人都可以成功》一書中的〈與其鼓勵學生創業，不如創造更容易成功的環境〉這篇文章已經起了一個頭，有興趣的讀者們可以參考。

後記
找到追求卓越的動機，在職場上成功

雖然當今全球人口多達近七十億，但從統計學的觀點來看，除了極少數以外，大部分人的聰明才智都相去不遠，但是，為什麼人在一生的成就上，可以有那麼巨大的差別？

我相信「結果論」。許多人都是以成敗論英雄，那麼為什麼聰明才智相去不遠的人，結果卻都不一樣？為什麼有的人得以成就自我，有的人忙碌一生卻一事無成？很多人會將之歸因於「命」與「運」，但我卻認為，最主要的差異在於「動機」。

成就的差異在於動機

就拿我過去所接觸過的創業者為例。根據過去的經驗，我把創業的人分成三大類。

第一類：為了賺錢的人

一九八〇年代初，我在惠普台灣分公司的電子測試儀器部門上班。當時有位年輕業務工程師，看到惠普個人電腦的主機板和售價後，告訴我說：「就這個印刷電路板，和上面的主要材料，成本加一加也沒多少錢，居然可以賣這麼高的價格？」我當時心裡想到的第一個念頭，就是這個年輕人應該會自己去創業，因為他已經嗅到濃濃的商機和利潤。果不其然，他與另外兩位惠普工程師於一九八三年創業，研發生產工業電腦、工業自動化、工業網路等相關產品。

他的公司一九九九年在台灣證券交易所公開上市，上市至今，創造了年年都賺錢、從未虧損過的紀錄。在二〇一九年股價還突破三百元大關，市值超過兩千億台幣。創業三十七年來，他們由一家台灣本土公司，變成一個全球化的企業；從一家硬體公司，變成軟硬結合的解決方案公司。這位惠普同事就是劉克振，他所創立的企業就是研華科技。

第二類：被逼上梁山的人

我在一九九二年一月，從位於美國加州矽谷的惠普總部，派駐到北京擔任中國惠普第三任總裁。在當時，算是美商公司比較早期進入中國的專業經理人。因此，玉山科技協會在一九九三年初邀請我到矽谷演講，分享我在中國大陸的經驗。玉山科技協會是由在美國的台灣創業家所組成的。

在會後餐聚時，我請教了玉山科技協會的幾位創辦人：協會的會員人數大約有多少？什麼時候增加最快？他們的回答讓我震驚：居然是在美國經濟不景氣的時候，會員人數增加最快。

早期去美國念書的台灣人，在取得碩士或博士學位之後，有許多人選擇進入高科技企業，從事研發或技術的工作。在經濟不景氣時，美國企業最拿手的一招就是裁員，而且學歷越高的、非歐洲裔族群的員工，經常都會被列在優先裁員的名單上。因為，學歷高通常代表薪水高，而種族歧視的幽靈，在這種關鍵時刻就會悄悄出現了。

由於台灣人一向有勤儉儲蓄、終身學習的美德，所以即使在失業後，生活也未必會有立即的問題。於是有人選擇回學校再進修，但也有許多人透過自己的研發能力和技術專長，選擇自行創業。這些創業的人，就是屬於被逼上梁山的。

第三類：不願意被老闆管的人

大約五、六年前，我受邀到台科大參加一個創業者的報告會。這是一個由世界前幾大知名會計師事務所支持成立的「創業者領導能力訓練營」（Startup Leadership Program）。

在眾多報名角逐的創業者中，主辦單位會挑選出三十六位，提供為期一年的訓練課程，以增強這些創業者的領導能力和成功機會。在聽完三十六位創業者的報告之後，我發覺他們都有三個共同點：

一、大部分的人都是在歐美留學念書，而且是名校畢業的。

二、畢業以後，都先在歐美遊歷半年到一年的時間，開拓自己的眼界和見聞。

三、都有不錯的家境，因此返台之後不願意立刻擔任二代接班人，選擇自己創業。大部分都從事ＩＴ、網路、軟體、遊戲等領域的工作。

自己創業，名片上印著光鮮亮麗的頭銜「創辦人兼董事長」，不必打卡上班，也不必被老闆管理。如果失敗，就找個新創意再次創業就是了。我把這種類型的創業者，歸類為「不能夠有老闆管的人」。

為什麼訓練營的創業者中，大部分都是「富二代」或「創二代」？從訓練營背後的資金贊助者就可以瞭解原因：這幾大會計師事務所支持這樣的活動，不僅是為了服務他們的客戶，也是在提早與下一代接班人建立關係。

動機，適用於創業與就業

就動機而言，第一類和第二類創業者有著「不能失敗」的壓力，所以對成功的欲望和企圖心都比較強烈，成功的機會也就比較高。而第三類的創業者，對於成敗比較無所謂，對失敗造成的傷害也有比較高的承受力，成功機率自然就會比較低。

許多人對這一點有不同的看法。他們認為，成功的機率與設定的目標和執行力有很大的關係。對於這種說法，我也不反對。但是，在不同人的目標和執行力的決心上，就有程度上的差異，而這些不同程度的決心，還是來自於創業的動機。

這個動機論，不僅反映在創業上。一般的就業者能否在職場上做出一番成就，也跟動機有很大的關係。在過去四十年的職涯裡，我認識許多年輕優秀的人才，他們有些人成功、有些人失敗，關鍵就在於他們是否有足夠的動機將事情做好。把事情做好的動機，就是他們在職場上的驅動力。縱使再怎麼優秀的人才，如果缺乏動機，就沒有驅動力，在職場上就成不了一番事業。

挫折促進動機

我並不是一個天分很高、聰明才智過人的人，但是在不同人生階段的轉折點，我都曾經遭遇到很大的痛苦和挫折。

第一次挫折和轉變，是我在大學畢業時，太輕忽預官考試，在毫無準備的情況下，我沒考上預官，去當了近兩年的大專兵。這正好發生在我由「第一人生」進入「第二人生」的轉折點上。

這段經歷，讓我真正瞭解了自己：一路透過考試成績進入理想學校的我，並非天之驕子，我不過就是一個平凡人，如果在進入職場之後再不努力的話，恐怕連立錐之地都沒有，所以就只能全力拚搏了。當時年輕的我，並不懂這個道理，但其實就是這些挫折與磨練，才成就了我凡事要做到卓越的「動機」。

第二次挫折和轉變，是由高科技外商公司進入代工製造業的台商時，所受到的巨大文化衝擊，而這就發生在我由「第二人生」進入「第三人生」的轉折點。

這個巨大的文化衝擊，讓我認識到來自農村鄉下、不到二十歲、位於製造業最底層的工人。我瞭解了他們懷抱的夢想、靠微薄薪資所過的生活，以及在身心上遭受的困難與痛苦。又一次，我深深體會到人的脆弱，和人生的不完美。

這段經歷，成就了我第三人生「分享與傳承」的動機，因此我才開始經營網路社群、寫作分享、輔導新創、為中小企業提供診斷服務。

我的職場經歷和轉折，完整地寫在我第一本書《創客創業導師程天縱的經營學》的自序〈老兵不死，拒絕凋零〉裡面。閱讀完這一篇後記，再回頭去看看這篇文章，讀者們應該會有不一樣的感受。

動機能否持久的關鍵

那麼，源自外部環境的動機，就一定是成就事業的保證嗎？源自外部環境的動機，確實有比較高的機會，讓你在職場做出一番事業。但是，如果動機不是源自個人正確的價值觀，往往不會持久，也不一定會受到尊敬。

許多上市公司的創業老闆，往往在成功後忘了「初心」，也忘了上市公司已經是個公器，不能拿來作為自己追求金錢和權力的私用。我見證過一些失去初心、事業轉而失敗的大老闆，在公司股價成為雞蛋水餃股時，個人生活仍然奢華無虞。

也有二代、三代接班人，不能體認前人的創業初心。縱使公司經營不善、拖累股東，仍然沉迷於權力之中，只知要為了掌握經營權，而與「市場派」展開保衛戰，完全忘了作為企業經營者應該承擔的社會責任。

因此，在過去的職業生涯中，我見過許多創業者創業成功，又黯然退場，甚至鋃鐺入獄。正如清朝戲曲作家孔尚任在《桃花扇》的經典名句：「眼看他起朱樓，眼看他宴賓客，眼看他樓塌了。」孔尚任描述的是亡國之痛，但是用在成功創立的事業上，何嘗不是一樣的惋惜和疼痛？

目標與願景？

有些事業成功的創業家或專業經理人，積極寫自傳和回憶錄，指出成功的關鍵在於「創業初期就要有遠大的目標和願景」。或許極少數人是如此，但是對於大多數人來說，這種說法又不脫「逆向工程」（reverse engineering）的模式。所謂「勝者為王，敗者為寇」，成功的人怎麼說都是對的。

對大部分的創業者而言，創業之初就只有「求生存」一個目標，因為創業是九死一生的事，根據統計，六年內存活的比率竟低於五％。隨著公司的存活、成長、茁壯，事業有成之後，企圖心變大，目標也會隨之改變，這時的目標就是所謂的「移動標的」（moving target）。

有些經營者會在公司快速發展時，提出一整套看似雄偉的企業目標與願景，但這其實只是遂行個人私心的希望，禁不起嚴格的檢驗。在這種企業願景當中，往往看不到股東、員工、客戶、供應商、社會責任的蹤影。這種願景又如何能夠激勵這些參與者呢？

結語

最後要談談本書的目的。在職場上，什麼叫做「成功」？什麼叫做「成就」？

一個偉大的企業，就如同一部撼動人心、流傳長遠的電影，不是只有男主角、女主角、男配角、女配角，也需要路人甲、路人乙等的角色，還需要許多在幕後默默貢獻的專業人員協同合作，才能成就一部經典作品。

職場人必須找到自己的定位、找到工作上追求卓越的動機、培養出專業經理人的心態與能力，以創造自己在職場上的最大價值，這就是為什麼本書命名為「職場力」的原因。

我就以我第四本書的書名《每個人都可以成功》，祝福每位職場人都在自己的第二人生中成功！

新商業周刊叢書BW0751

創客創業導師程天縱的職場力
解析職場的人與事，
提升工作與管理績效的34條建言

國家圖書館出版品預行編目（CIP）資料

創客創業導師程天縱的職場力：解析職場的人與事，提升工作與管理績效的34條建言／程天縱著. -- 初版. -- 臺北市：商周出版：家庭傳媒城邦分公司發行, 2020.11
面；　公分. --（新商業周刊叢書；BW0751）
ISBN 978-986-477-932-1（平裝）
1. 企業領導　2. 企業管理　3. 職場成功法
494.2　　109015596

作　　者／程天縱
編 輯 協 力／傅瑞德
責 任 編 輯／鄭凱達
企 劃 選 書／陳美靜
版　　權／吳亭儀
行 銷 業 務／周佑潔、王　瑜、賴晏汝、黃崇華

總　編　輯／陳美靜
總　經　理／彭之琬
事業群總經理／黃淑貞
發　行　人／何飛鵬
法 律 顧 問／台英國際商務法律事務所　羅明通律師
出　　版／商周出版
臺北市104民生東路二段141號9樓
電話：(02) 2500-7008　傳真：(02) 2500-7759
E-mail: bwp.service @ cite.com.tw
發　　行／英屬蓋曼群島商家庭傳媒股份有限公司　城邦分公司
臺北市104民生東路二段141號2樓
讀者服務專線：0800-020-299　24小時傳真服務：(02) 2517-0999
讀者服務信箱E-mail: cs@cite.com.tw
劃撥帳號：19833503　戶名：英屬蓋曼群島商家庭傳媒股份有限公司城邦分公司
訂 購 服 務／書虫股份有限公司客服專線：(02) 2500-7718；2500-7719
服務時間：週一至週五上午09:30-12:00；下午13:30-17:00
24小時傳真專線：(02) 2500-1990；2500-1991
劃撥帳號：19863813　戶名：書虫股份有限公司
E-mail: service@readingclub.com.tw
香港發行所／城邦（香港）出版集團有限公司
香港灣仔駱克道193號東超商業中心1樓
電話：(852) 2508-6231　傳真：(852) 2578-9337
馬新發行所／城邦（馬新）出版集團
Cite (M) Sdn. Bhd.
41-3, Jalan Radin Anum, Bandar Baru Sri Petaling, 57000 Kuala Lumpur, Malaysia.
電話：(603) 9056-3833　傳真：(603) 9057-6622　讀者服務信箱：services@cite.my

封 面 設 計／萬勝安　　內頁設計／簡至成
印　　刷／鴻霖印刷傳媒股份有限公司
經　銷　商／聯合發行股份有限公司　電話：(02) 2917-8022　傳真：(02) 2911-0053
地址：新北市新店區寶橋路235巷6弄6號2樓

■2020年11月5日初版1刷　　**定價380元**　　Printed in Taiwan
■2022年1月6日初版4.8刷　　ISBN 978-986-477-932-1

廣　告　回　函
北區郵政管理登記證
台北廣字第000791號
郵資已付，免貼郵票

104 台北市民生東路二段141號2樓

英屬蓋曼群島商家庭傳媒股份有限公司
城邦分公司　收

請沿虛線對摺，謝謝！

書號：BW0751　　書名：創客創業導師程天縱的職場力　　編碼：

請於此處用膠水黏貼

讀者回函卡

不定期好禮相贈！
立即加入：商周出版
Facebook 粉絲團

感謝您購買我們出版的書籍！請費心填寫此回函卡，我們將不定期寄上城邦集團最新的出版訊息。

姓名：＿＿＿＿＿＿＿＿＿＿＿＿＿＿＿＿＿ 性別：☐男 ☐女

生日：西元＿＿＿＿＿＿年＿＿＿＿＿＿月＿＿＿＿＿＿日

地址：＿＿＿＿＿＿＿＿＿＿＿＿＿＿＿＿＿＿＿＿＿＿＿＿

聯絡電話：＿＿＿＿＿＿＿＿＿＿＿ 傳真：＿＿＿＿＿＿＿＿＿＿

E-mail ：

學歷：☐ 1. 小學 ☐ 2. 國中 ☐ 3. 高中 ☐ 4. 大學 ☐ 5. 研究所以上

職業：☐ 1. 學生 ☐ 2. 軍公教 ☐ 3. 服務 ☐ 4. 金融 ☐ 5. 製造 ☐ 6. 資訊
☐ 7. 傳播 ☐ 8. 自由業 ☐ 9. 農漁牧 ☐ 10. 家管 ☐ 11. 退休
☐ 12. 其他＿＿＿＿＿＿＿＿＿＿＿＿＿＿＿＿＿＿＿＿

您從何種方式得知本書消息？

☐ 1. 書店 ☐ 2. 網路 ☐ 3. 報紙 ☐ 4. 雜誌 ☐ 5. 廣播 ☐ 6. 電視
☐ 7. 親友推薦 ☐ 8. 其他＿＿＿＿＿＿＿＿＿＿＿＿＿＿＿

您通常以何種方式購書？

☐ 1. 書店 ☐ 2. 網路 ☐ 3. 傳真訂購 ☐ 4. 郵局劃撥 ☐ 5. 其他＿＿＿＿

您喜歡閱讀那些類別的書籍？

☐ 1. 財經商業 ☐ 2. 自然科學 ☐ 3. 歷史 ☐ 4. 法律 ☐ 5. 文學
☐ 6. 休閒旅遊 ☐ 7. 小說 ☐ 8. 人物傳記 ☐ 9. 生活、勵志 ☐ 10. 其他

對我們的建議：＿＿＿＿＿＿＿＿＿＿＿＿＿＿＿＿＿＿＿＿＿＿
＿＿＿＿＿＿＿＿＿＿＿＿＿＿＿＿＿＿＿＿＿＿＿＿＿＿＿＿
＿＿＿＿＿＿＿＿＿＿＿＿＿＿＿＿＿＿＿＿＿＿＿＿＿＿＿＿

請於此處用膠水黏貼